中等职业院校珠宝专业"十三五"规划教材

珠宝首饰加工技术

ZHUBAO SHOUSHI JIAGONG JISHU

主　编　吴华洲
副主编　梁　静　宁水清　黄文滨
　　　　张法雄　覃辉华　黄德晶

中国地质大学出版社
ZHONGGUO DIZHI DAXUE CHUBANSHE

内容简介

本书结合中职、高职高专学生实际情况，针对珠宝首饰加工技术技能考证的要求编写而成。本书介绍了珠宝首饰制作的基本理论知识，重点介绍了首饰制作工具和设备的使用，对版部工艺、执模工艺、镶嵌工艺首饰的加工工艺进行了较详细的介绍，对职业道德、首饰发展史及首饰设计等也作了简要阐述。本书可作为珠宝职业院校的专业教材使用，也适合珠宝爱好者自学。

图书在版编目(CIP)数据

珠宝首饰加工技术/吴华洲主编. —武汉：中国地质大学出版社，2017.12
中等职业院校珠宝专业"十三五"规划教材
ISBN 978-7-5625-4132-5

Ⅰ. ①珠…
Ⅱ. ①吴…
Ⅲ. ①首饰-生产工艺-职业教育-教材
Ⅳ. ①TS934.3

中国版本图书馆 CIP 数据核字(2017)第 280652 号

珠宝首饰加工技术	梁　静　宁水清	吴华洲　黄文滨	主　编
	张法雄　覃辉华	黄德晶	副主编

责任编辑：彭　琳	选题策划：张　琰	责任校对：徐蕾蕾
出版发行：中国地质大学出版社(武汉市洪山区鲁磨路388号)		邮编：430074
电　　话：(027)67883511　　传　　真：(027)67883580		E-mail:cbb@cug.edu.cn
经　　销：全国新华书店		http://cugp.cug.edu.cn
开本：787毫米×1092毫米　1/16	字数：269千字	印张：10.5
版次：2017年12月第1版	印次：2017年12月第1次印刷	
印刷：武汉中远印务有限公司	印数：1—2000册	
ISBN 978-7-5625-4132-5		定价：58.00元

如有印装质量问题请与印刷厂联系调换

序

首饰制作工艺是首饰行业一项最主要的核心技能。由于多方面的原因,如此重要的一项技能长期以来一直没有人作理论化、系统化的总结和整理,因而至今没有一本真正能够指导实践的书籍或教材。

广州南华工贸技工学校是我国最早从事首饰教学的学校之一,在多年的教学实践中积累了丰富的经验,尤其对于首饰制作工艺技术的教学成效卓著,多次在国家各种专业技能比赛中取得优异的成绩,历年毕业的学生深受用人单位的青睐。在第44届世界技能大赛珠宝加工项目中国选手的选拔工作中,南华工贸技工学校作为第44届世界技能大赛珠宝加工项目中国集训基地,为国家珠宝加工选手的选拔做了大量的工作,并付出了大量的心血,通过集训选出的选手将代表中国出征阿布扎比酋长国。

此书的编写,汇集了南华人的智慧和心血,厚积而薄发,既有实践经验,又有理论知识。无论是对于各专业院校的教师还是自学者都有实实在在的指导作用。《珠宝首饰加工技术》作为一本"做中学、学中做"的实用指导型教材,将作者"从实践中来,到实践中去"的教学理念淋漓尽致地表现出来了。

我作为一个有着近40年首饰实践和教学经历的工作者,也阅览过世界上许多同类的书籍资料,但写得如此系统翔实、言之有物的却凤毛麟角,是难能可贵的。应作者邀请为此书作序,不胜惶恐,权作抛砖引玉。

国家首饰示范性专业建设负责人(美籍华人)、上海市东方学者(特聘教授):沈成旸

2017 年 7 月

前　言

随着经济社会的持续迅速发展和知识经济的到来,无疑对珠宝人员素质提出了更高的要求,无论是对从业者的职业道德、专业知识的拓展还是专业知识的运用都提出了一定的能力要求。本书编者根据珠宝首饰加工技术技能考证的要求,结合中职、高职高专学生实际情况而编写。本书的基本内容为职业道德、首饰发展史、贵金属材料、常见宝玉石、首饰设计、国内外首饰制作新技术、首饰制作工具和设备的使用,以及版部工艺、执模工艺、镶嵌工艺首饰的加工工艺。

本书的主要特点如下:

(1) 系统性和完整性。本书编者从珠宝首饰加工技术理论知识到珠宝首饰加工技术实操知识,都参照了相关技能考核大纲及技能要求进行编写。通过本书的学习可使读者了解首饰的发展史、贵金属与常见宝石材料、珠宝设计,进而熟悉整个首饰加工的工艺流程。

(2) 适用性和实用性。本书编者注重中职、高职学生的实际需要,在编写过程中,力求通俗易懂;尽量做到理论联系实际,在突出理论知识的同时亦注重实践性和实用性;在时效性方面,尽量反映珠宝首饰领域的新技术、新材料、新工艺及新设备,使学生的认识跟上现代科技发展的步伐,符合职业技术教育的新要求。

(3) 步骤完整、详细。结合实验课和实习课的需要,为确保图片与操作步骤的清晰完整,使学生比较系统地了解珠宝首饰加工过程的每一个环节,书中所用实操图片全部由广州南华工贸技工学校首饰加工中心实验室提供,所有操作与制作演示均出自本书作者宁水清、黄文滨、张法雄之手,每小节实操课后亦安排一定的实操任务,以备课后有计划地组织学生实践练习。

本书由广州南华工贸技工学校吴华洲任主编,梁静、宁水清、黄文滨、张法雄、覃辉华、黄德晶作为副主编全程参与了各章节的编写工作。全书由梁静负责统稿,黄燕负责排版。

本书由于编写时间较紧,尚有许多宝贵的资料未能整理完善,特别是世界技能大赛中提出的珠宝加工项目、工艺、评分标准及要求,未能收入到本书中,有点遗憾。加上编者的水平和经验有限,有许多不足之处在所难免,欢迎读者和同行批评指正。

本书在编写的过程中得到了许多同行提出的非常中肯和宝贵的意见,还有许多同事在此书编写过程中付出了艰辛的劳动,在此一并表示感谢。

特别感谢中国地质大学出版社给予我们的信任和勇气,感谢出版社的编辑对本书提出了许多宝贵的修改意见。

特别感谢上海工艺美术职业学院教授、国家首饰示范性专业建设负责人、上海市东方学者(特聘教授)沈成旸为本书作序,给予我们极大的鼓励。我们将不负沈先生的期望,力争把珠宝加工技术教学研究做得更好、更实。

编者
2017 年 3 月

目 录

第一部分 首饰加工技术理论知识

第一章 职业道德 (3)
第一节 职业道德基本要求 (3)
第二节 职业守则 (4)
第三节 法律法规 (5)

第二章 首饰发展史 (14)
第一节 中国首饰发展史 (14)
第二节 国外首饰发展史 (16)
第三节 中国传统题材和典故 (17)

第三章 贵金属首饰专业知识 (20)
第一节 各类首饰的制作工艺过程 (20)
第二节 贵金属材料的物理、化学性能 (21)
第三节 贵金属首饰的标识 (22)
第四节 焊接设备、燃料的性能及其使用方法 (22)
第五节 常见镶嵌用珠宝基本知识 (23)

第四章 宝玉石鉴定知识 (25)
第一节 宝玉石概述 (25)
第二节 贵重宝玉石的特征与鉴定 (28)
第三节 其他常见宝玉石的基本特征与鉴定 (31)

第五章 量器具相关知识 (34)
第一节 常用量具 (34)
第二节 常用衡器 (38)
第三节 其他相关知识 (40)

第六章 贵金属首饰和摆件设计基础知识 …… (45)

    第一节 设计的原则 …… (45)

    第二节 专业绘图基础 …… (50)

    第三节 绘画透视 …… (66)

    第四节 三视图的组成及画法 …… (69)

第七章 贵金属首饰制作专业技术及国内外新技术 …… (71)

    第一节 首饰的镶嵌技法 …… (71)

    第二节 国内外首饰设计创新和制作技艺的新动向 …… (73)

第八章 贵金属行业标准和质量管理 …… (78)

    第一节 国家首饰行业有关产品技术标准 …… (78)

    第二节 全面质量管理的基本理论和方法 …… (79)

第二部分 首饰加工技术实操知识

第九章 珠宝首饰设备、工具的使用 …… (83)

    第一节 常用工具的作用和使用 …… (83)

    第二节 常用量具的使用方法——游标卡尺 …… (97)

第十章 初级制版、执摸、镶石实训的操作实例 …… (101)

    第一节 包镶戒指实训的操作实例——制版 …… (101)

    第二节 包镶戒指实训的操作实例——执模 …… (105)

    第三节 珠宝首饰加工技术初、中、高资格考试——镶石 …… (116)

第十一章 中级制版、执摸、镶石实训的操作实例 …… (123)

    第一节 包镶、爪镶戒指实训的操作实例——制版 …… (123)

    第二节 包镶、爪镶戒指实训的操作实例——执模 …… (128)

    第三节 中级资格考试操作实例——包边镶、蛋形爪镶的混合镶嵌 …… (133)

第十二章 高级制版、执模、镶石实训的操作实例 …… (143)

    第一节 爪镶、包镶、迫镶、混镶吊坠实训的操作实例——制版 …… (143)

    第二节 高级工资格考试操作实例——爪镶、包镶、迫镶混镶吊坠实训镶嵌 …… (152)

主要参考文献 …… (160)

第一部分

首饰加工技术理论知识

第一章　职业道德

职业道德是指从业人员在职业行动中应当遵循的道德。或者说，职业道德就是同人们的职业活动紧密联系的符合职业特点要求的道德准则、道德情操与道德品质的总和。它既是对本职人员在职业活动中行为的要求，同时又是从业人员对社会所负的道德责任和义务。职业道德具有以下特点：

（1）职业道德具有使用范围的有限性。每种职业都担负着一种特定的职业责任和职业义务。各职业责任和义务不同，因而形成各职业特定的职业道德的具体规范。

（2）职业道德具有发展的历史继承性。由于职业具有不断发展和世代延续的特征，不仅技术世代延续，而且管理员工的方法、与服务对象打交道的方法也有一定的历史继承性。如"有教无类""学而不厌，诲人不倦"，从古至今始终是教师的职业道德要求。

（3）职业道德表达形式多种多样。由于各种职业道德的要求都较为具体、细致，因此表达形式多种多样。

（4）职业道德兼有强烈的纪律性。纪律也是一种行为规范，但是它是介于法律和道德之间的一种特殊的规范。它既要求人们能够自觉遵守，又带有一定的强制性。从道德层面看，遵守纪律是一种美德；从法律层面看，遵守纪律体现了强制性，是法律的强制规制。例如，工人必须遵守操作规程和安全规定，军人要有严明的纪律等。因此，职业道德有时又以制度、章程、条例的形式表达，让从业人员认识到纪律的规范性。

第一节　职业道德基本要求

社会主义职业道德是社会主义社会各行各业的劳动者在职业活动中必须共同遵守的基本行为准则。它是判断人们职业行为优劣的具体标准，也是社会主义道德在职业生活中的反映。《中共中央关于加强社会主义精神文明建设若干问题的决议》规定了今天各行各业都应共同遵守的职业道德。职业道德的基本要求分为以下五个方面。

1. 爱岗敬业

爱岗敬业的具体内容是：从业人员热爱自己的工作岗位，敬重自己所从事的职业，勤奋努力、尽职尽责。爱岗敬业的基本要求是：要乐业、要勤业、要精业。爱岗敬业的意义分为三个方面：第一，爱岗敬业是服务社会、贡献力量的重要途径；第二，爱岗敬业是各行各业生存的根本；第三，爱岗敬业能促进良好社会风气的形成。

2. 诚实守信

诚实守信的具体内容是：从业人员在职业活动中应该诚实劳动、合法经营、信守承诺、讲求信誉。诚实守信的基本要求是：诚实无欺、讲究质量、信守合同。诚实守信的意义分为两个方面：第一，诚实守信是各行各业的生存之道；第二，诚实守信是维系良好的市场经济秩序必不可少的道德准则。

3. 办事公道

办事公道是指从业人员在职业活动中做到公平、公正、不谋私利、不徇私情、不以权损公、不以私害民、不假公济私。办事公道的基本要求是：客观公正、照章办事。办事公道的意义有两点：第一，办事公道有助于社会文明程度的提高；第二，办事公道是市场经济良好运行的有效保证。

4. 服务群众

服务群众是指在职业活动中一切从群众的利益出发，为群众着想，为群众办事，为群众提高服务质量。服务群众的基本要求是：热情周到、满足需求、有高超的服务技能。服务群众的意义有三点：第一，人生价值在服务群众中得到体现；第二，市场经济呼唤服务精神；第三，社会文明需要服务精神。

5. 奉献社会

奉献社会是指从业人员在自己的工作岗位上树立奉献社会的职业精神，并通过兢兢业业的工作，自觉为社会或他人作贡献。奉献社会的基本要求是：把公共利益、社会利益摆在第一位，这是每个从业者行为的宗旨和归宿。奉献社会的意义有两点：第一，有助于培养社会责任感和无私精神；第二，能充分实现自我价值。

第二节　职业守则

职业守则的内容：热爱工作、坚定奉献的信念、刻苦钻研业务、增强技能、提高素质、遵守规范、以人为本、与服务对象建立良好的关系。

热爱工作是职业守则的首要一条，只有对本职工作充满热爱才能积极、主动、创造性地工作。改革开放以来，我国珠宝行业飞速发展，由于国家对贵金属行业的政策放宽，珠宝行业迅速兴起，国民的珠宝消费意识越来越强，做好珠宝工作对促进珠宝文化的发展、市场的繁荣，以及满足消费、促进社会物质文明和精神文明的发展，加强与世界各国人民的交流等方面，都具有重要的现实意义。因此，珠宝从业人员要认识到珠宝工作的价值，做好珠宝工作，了解本职业的岗位职责、要求，以较高的职业水平完成珠宝工作。

珠宝职业纪律是指珠宝从业人员在珠宝工作中必须遵守的行为准则，它是从事珠宝工作和履行职业守则的保证。珠宝职业纪律包括劳动、组织、财务等方面的要求，所以珠宝从业人员在服务过程中要有服从意识，听从指挥和安排，使工作处于有序状态，并严格执行各项制度，如考勤制度、安全制度，以确保工作成效。珠宝从业人员的工作性质与其他行业不同，工作中涉及到的珠宝均为贵重物品，因此要做到不侵占公物、公款，爱惜公物、财物，维护集体利益。此外满足服务对象的需求是珠宝工作的最终目的。因此，珠宝从业人员要在维护客户利益的基础上方便顾客、服务顾客，为顾客排忧解难，做到文明经商。

礼貌待客、热情服务是珠宝工作重要的业务要求和行为规范之一，也是珠宝职业道德的基本要求之一，它体现出珠宝从业人员对工作的积极态度和对他人的尊重，这也是做好珠宝工作的基本条件。礼貌待客需要使用文明用语，它是珠宝从业人员与顾客交流的重要交际工具。珠宝从业人员与顾客交流时要语气平和、态度和蔼、热情友好，提高服务的质量和效果。对于珠宝从业人员来说，整洁的仪容、仪表和端庄的仪态不仅是个人的修养问题，也是服务态度和服务质量的一部分，更是职业道德规范的重要内容和要求。珠宝从业人员在工作中精神饱满、全神贯注，会给顾客以认真负责、可以信赖的感觉，而整洁的仪容、仪表和端庄的仪态则会体现出对顾客的尊重和对本行业的热爱，给顾客留下美好印象。

真诚守信和一丝不苟是做人的基本准则，也是一种社会公德。对珠宝从业人员来说也是一种态度，它的基本作用是树立信誉，树立起值得他人信赖的道德形象。一个珠宝企业，如果不重视产品的质量，不注重为顾客服务，只是一味地追求经济利益，那么这个珠宝企业将会信誉扫地；反之，则会赢得更多的顾客，也会在竞争中占据优势。

钻研业务、精益求精是对珠宝从业人员在业务上的要求。要为顾客提供优质服务，使珠宝文化得到进一步发展，就必须有丰富的业务知识和高超的操作技能。因此，自觉钻研业务、精益求精就成了一种必然要求。如果只有做好珠宝工作的愿望而没有做好珠宝工作的技能，那也是无济于事的。

作为一名珠宝从业人员要主动、热情、耐心、周到地接待顾客，了解不同顾客的穿戴习惯和特殊要求，精准地满足顾客的需求。这与日常珠宝从业人员不断钻研业务、精益求精有很大的关系，它不仅要求珠宝从业人员要有正确的动机、良好的愿望和坚强的毅力，而且要有正确的途径和方法。学好珠宝的有关业务知识和操作技能有两条途径：一是要从书本中学习，二是要向他人学习，从而积累丰富的业务知识，提高技能水平，并在实践中加以检验。以科学的态度认真对待自己的职业实践，这样才能练就过硬的基本功，也就是珠宝的操作技能，更好地适应珠宝工作。

第三节　法律法规

珠宝行业在我国是一个新兴的行业，1996年10月才出现了第一部《珠宝玉石国家标准（试用）》，1997年5月1日执行。该标准较全面地规定了一些珠宝玉石、贵金属的名称，以及鉴定依据、部分质量评价依据。通过对珠宝行业法律法规及国家的相关政策的了解，可提高珠宝从业者的管理水平和道德素养，为今后从事与珠宝行业相关的珠宝鉴定、首饰设计、珠宝评估、珠宝营销等工作打下基础。法律法规的学习可以培养珠宝从业者解决实际问题的能力，用国家的相关标准来规范珠宝从业者的行业行为。随着珠宝行业在我国的兴起，1996年至今国家相关的法律法规不断完善，珠宝行业涉及的法律法规主要有《中华人民共和国产品质量法》（简称《产品质量法》）、《中华人民共和国计量法》（简称《计量法》）、《中华人民共和国标准化法》（简称《标准化法》）、《中华人民共和国消费者权益保护法》（简称《消费者权益保护法》）、《中华人民共和国合同法》（简称《合同法》）、《中华人民共和国商标法》（简称《商标法》）、《中华人民共和国票据法》（简称《票据法》）、《中华人民共和国广告法》（简称《广告法》）和《中华人民共和国反不正当竞争法》（简称《反不正当竞争法》）以及实验室认证等。

一、《产品质量法》

《产品质量法》是调整因产品质量而产生的社会关系的法律规范的总称,主要调整两大类社会关系:①在国家对企业的产品质量进行监督管理过程中的产品质量管理关系;②产品的生产者、销售者与消费者之间因产品缺陷而产生的产品质量责任关系。《产品质量法》由1993年2月22日第七届全国人民代表大会常务委员会第三十次会议通过,2000年7月8日第九届全国人民代表大会常务委员会第十六次会议修正。《产品质量法》适用范围是:在中华人民共和国境内从事产品生产、销售活动,必须遵守本法。本法所称产品是指经过加工、制作,用于销售的产品。建设工程不适用本法规定,但是建设工程使用的建筑材料、建筑构配件和设备,属于前款规定的产品范围的,适用本法规定。

《产品质量法》的监督机制由国家监督、行业管理、社会监督三个部分组成,其中最为重要的是国家监督。国家监督是指国家通过立法,授权特定的国家机关,以国家的名义对产品质量进行的监督,具有法律的强制性和权威性。国家监督的执法主体有:①国家质量技术监督局(包括标准局、计量局)及下属各级质量技术监督局对产品的统一质量监督;②各级工商行政管理部门对流通领域中产品质量有关问题的监督;③各级卫生、农业、劳动行政部门对特殊产品的监督。国家对产品质量实行以抽查为主要方式的监督检查制度,对可能危及人体健康和人身、财产安全的产品,影响国计民生的重要工业产品以及消费者、有关组织反映有质量问题的产品进行抽查,根据监督抽查的需要,可以对产品进行检验。

在珠宝行业中时有贵金属产品成色含量不足,钻石、翡翠、彩色宝石等证书造假的报道,在选购珠宝时应尽量选择有信誉的商家并认准珠宝行业相关证书。我国珠宝专业证书标识有计量认证及质量认证等标志(图1-1)。我国《产品质量法》对不合格产品处罚有以下几点:责令改正、予以公告(省级)、停业整顿、吊销执照。在珠宝行业中以次充好、以假充真,如以低档宝石充当高档宝石,以处理品充当天然品,以低品级充当高品级,将会被处罚货值的50%以上、3倍以下的罚款。

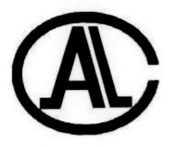 

图1-1　计量认证标志(左)和质量认证标志(右)

二、《标准化法》

标准化指在经济、技术、科学及管理等社会实践中,对重复性事物和概念通过制定、发布和实施标准,达到统一,以获得最佳秩序和社会效益的活动过程。国际标准化组织(ISO)对标准化的定义:对科学、技术与经济领域内重复应用的问题给出解决办法的活动,其目的在于获得最佳秩序,包括制定、发布与实施标准的过程。

《标准化法》由1988年12月29日第七届全国人民代表大会常务委员会第五次会议通过。《标准化法》是在全国范围内制定标准、组织实施标准和对标准的实施进行监督。

标准准则主要分为五个方面:①国家标准,是标准体系中的主体,是指在全国范围内统一的技术要求,国家标准一经批准发布,与它重复的行业标准、地方标准相应被废止;②行业标准,是指全国性范围内各行业统一的技术要求,行业标准是对国家标准的补充,是专业性、技术性较强的标准;③推荐性标准,所规定的技术内容和要求具有普遍的指导作用,它以自愿采用为原则,不要求强制执行,推荐性标准代号为"GB/T",编号由代号、标准顺序号及年号组成,如我国2010年修订的钻石分级国家标准GB/T16554—2010;④地方标准,先行制定,可为将来制定国家标准和行业标准创造条件打好基础;⑤企业标准,是指企业所制定的产品标准,即根据企业内需要协调、统一的技术要求、管理要求、工作要求所制定的标准。国家鼓励企业制定严于国家标准的行业标准。珠宝行业相关的国家标准及国家推荐标准见图1-2。

2017年国务院常务会议通过新的《中华人民共和国标准化法(修订草案)》。

三、《计量法》

计量分为狭义及广义两个方面的定义。狭义上来说,计量属于测量范畴,它是一种为使被测量的单位量值在允许范围内溯源到基本单位的测量;广义上来说,计量是指为实现单位统一、量值准确可靠的全部活动,如确定计量单位制,研究建立计量基准、标准,进行计量监督管理等。

《计量法》由中华人民共和国主席令第二十八号颁布(1985年9月6日第六届全国人民代表大会通过,1986年7月1日实施),现在我国基本建成了计量法规体系,形成以《计量法》为根本法及其配套的若干计量行政法规、规章(包括规范性文件)的计量法群,在整个计量领域实现了有法可依。《计量法》管理的是全国范围内单位量值的统一,以及影响社会经济秩序,危害国家和人民利益的计量问题。我国《计量法》规定计量要高于一般的测量,以实现对全国测量业务的国家监督。

法定计量单位,如长度有米(m)、厘米(cm)、毫米(mm)、微米(μm)、纳米(nm)等,如质量有千克(kg)、克(g)、毫克(mg)等。珠宝行业常使用的计量单位有克拉(ct)、珍珠格令(gr)、金衡盎司(oz)、英寸(in)等。珠宝行业习惯用的计量单位与法定计量单位的换算见表1-1。

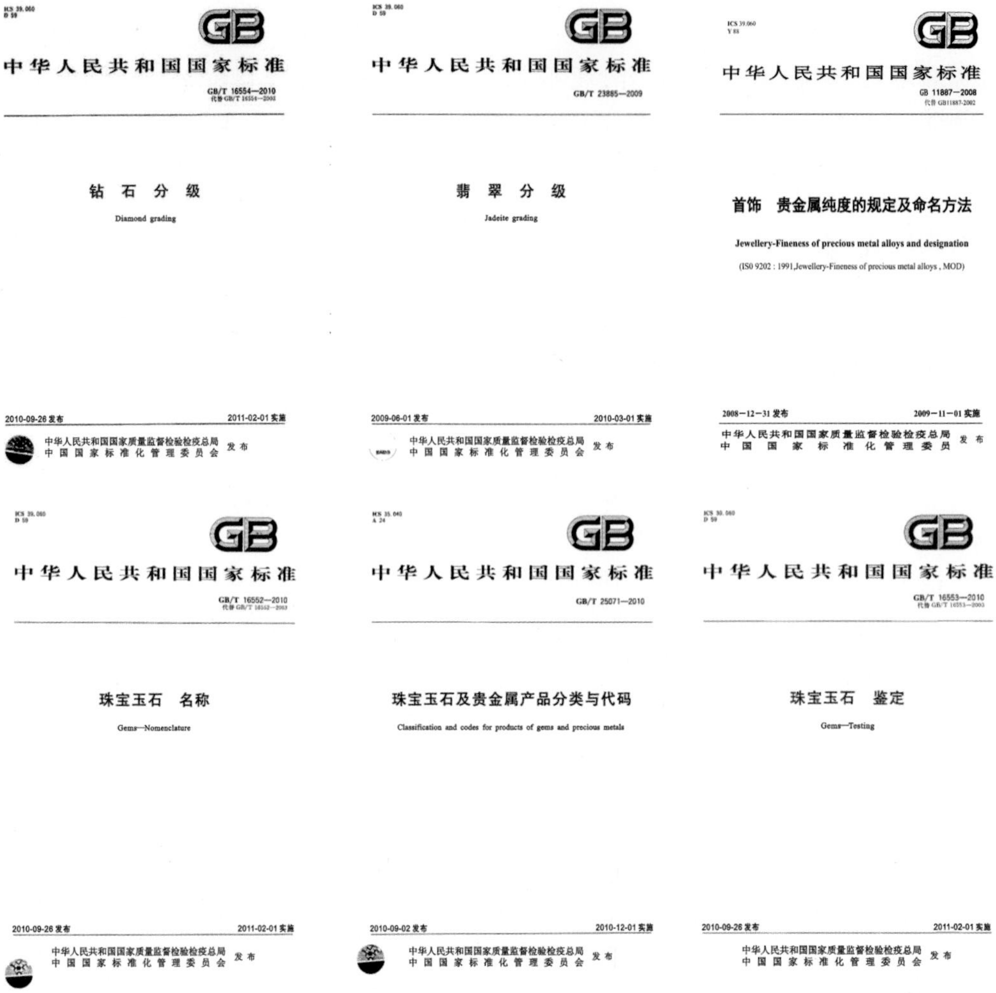

ICS 39.060
D 59
GB
中华人民共和国国家标准
GB/T 16554—2010
代替 GB/T 16554—2003
钻石分级
Diamond grading
2010-09-26 发布 2011-02-01 实施
中华人民共和国国家质量监督检验检疫总局
中国国家标准化管理委员会 发布

ICS 39.060
D 59
GB
中华人民共和国国家标准
GB/T 23885—2009
翡翠分级
Jadeite grading
2009-06-01 发布 2010-03-01 实施
中华人民共和国国家质量监督检验检疫总局
中国国家标准化管理委员会 发布

ICS 39.060
Y 88
GB
中华人民共和国国家标准
GB 11887—2008
代替 GB 11887-2002
首饰 贵金属纯度的规定及命名方法
Jewellery-Fineness of precious metal alloys and designation
(ISO 9202 : 1991,Jewellery-Fineness of precious metal alloys , MOD)
2008—12—31 发布 2009—11—01 实施
中华人民共和国国家质量监督检验检疫总局
中国国家标准化管理委员会 发布

ICS 39.060
D 59
GB
中华人民共和国国家标准
GB/T 16552—2010
代替 GB/T 16552—2003
珠宝玉石 名称
Gems—Nomenclature
2010-09-26 发布 2011-02-01 实施
中华人民共和国国家质量监督检验检疫总局
中国国家标准化管理委员会 发布

ICS 35.040
A 24
GB
中华人民共和国国家标准
GB/T 25071—2010
珠宝玉石及贵金属产品分类与代码
Classification and codes for products of gems and precious metals
2010-09-02 发布 2010-12-01 实施
中华人民共和国国家质量监督检验检疫总局
中国国家标准化管理委员会 发布

ICS 39.060
D 59
GB
中华人民共和国国家标准
GB/T 16553—2010
代替 GB/T 16553—2003
珠宝玉石 鉴定
Gems—Testing
2010-09-26 发布 2011-02-01 实施
中华人民共和国国家质量监督检验检疫总局
中国国家标准化管理委员会 发布

图 1-2 珠宝相关的国家标准

表 1-1 珠宝行业惯用的计量单位与法定计量单位的换算表

单 位	换算公式
克拉(ct)	1ct=0.2g
珍珠格令(gr)	1gr=0.05g
金衡盎司(oz)	1oz=31.103 5g
英寸(in)	1in=25.40mm=2.54cm

四、《消费者权益保护法》

《消费者权益保护法》由1993年10月31日第八届全国人民代表大会常务委员会第四次会议通过。消费者为生活消费需要购买、使用商品或者接受服务，权益受该法保护。经营者为消费者提供生产、销售的商品或者提供服务，应当遵守该法。

《消费者权益保护法》规定消费者具有九项权利：①安全权，享有人身、财产安全不受损害的权利；②知情权，享有知悉真实情况的权利，也是交易双方遵循诚实信用的一种体现；③选择权，自主选择商品，交易时遵循自愿原则的体现；④公平交易权，消费者以一定数量的货币可换取同等价值的商品或服务；⑤被赔偿权，依法享有获得赔偿的权利，体现了经营者和消费者交易管理的等价有偿原则；⑥组织社团权，消费者享有依法成立维护自身合法权益的社会团体的权利；⑦获得知识权，消费者享有获得有关消费和消费者权益保护方面的知识的权利；⑧受尊重权，消费时享有人格尊严、民族风俗得到尊重的权利；⑨监督权，享有对商品和服务以及保护消费者权益工作进行监督的权利。经营者的义务即为各类经营者需要履行的义务。其主要有：①履行法定或约定义务；②吸取消费者提供的商品或者服务的意见，接受消费者的监督义务；③保证提供的商品或者服务符合保障人身、财产安全的义务；④向消费者提供有关商品或者服务的真实信息；⑤标明真实名称和标志；⑥出具购贷凭证或者服务单据；⑦提供的商品或者服务应具有质量、性能、用途和有效期限，保证实际质量与表明的质量状况相符；⑧履行"三包"义务；⑨不得做出不公平、不合理的规定；⑩禁止侵犯人格权。

五、《合同法》

合同是指平等主体的自然人、法人、其他组织之间设立、变更、终止民事权利义务的协议。

我国于1999年颁布和施行的《合同法》是调整平等主体之间的交易关系的法律，它主要规范合同的订立、效力、履行、变更、解除、保全、违约责任等问题。《合同法》是民法体系中的民事单行法。在我国的法律体系中，民法是宪法之下的部门法。而民法本身又是一个庞大的法律体系，这个体系是由若干调整某种民事关系的单行法组成的，合同是其中主要的组成部分。

合同的订立应遵守平等、自愿、公平、诚实信用、合法、约束的原则，有书面形式、口头形式、其他形式。合同履行是指债务人通过完成合同规定的义务，使债权人的合同权利得以实现的行为。合同遵守的原则：按合同约定全面履行合同，根据诚实信用的原则履行合同的附随义务，如合同涉及的国家机密、商业秘密和个人隐私等。合同的履行应遵守以下几个原则：①全面履行的原则。合同订完后，当事人应按照合同的约定全面履行自己的义务，包括履行义务主体、标的、数量、质量、价款或者报酬以及履行期限、地点、方式等。②诚实信用的原则。当事人履行合同要遵循诚实信用的原则。要守信用、讲实话、办实事，要有善意。双方当事人在合同履行中要相互配合协作，以便合同更好地履行。③公平合理的原则。在订立合同时，由于当事人的疏忽，有的问题没有约定或约定不明，应以公平合理的原则，采取补救措施，由双方当事人协商一致，签订补充条款加以解决。

符合以下几点属于无效合同：①当事人一方以欺诈、胁迫的手段订立合同，损害国家利益；②恶意串通，损害国家、集体或个人利益；③以合法形式掩盖非法目的；④损害社会公共利益；

⑤违反纪律、行政法规的强制性规定;⑥因重大误解订立的,或在订立合同时显失公平的,当事人的一方有权请求人民法院或仲裁机构变更或撤销。

如合同签约任何一方违反合同内容须负违约责任。违约指合同当事人不履行合同义务或履行义务不符合约定而产生的民事责任。违约责任的承担方式有以下几种。

(1)继续履行合同:当事人以国家强制力为后盾,要求违约方按照合同约定的标的继续履行合同。

(2)支付违约金:按照法律规定或合同约定支付给当事人一定数量的货币。

(3)赔偿损失:按照法律规定或合同约定,由违约方支付损失赔偿金,用于弥补受害人的损失。

(4)支付定金:依照法律规定或当事人双方的约定,由当事人一方按合同标的额的一定比例支付给当事人金钱。

(5)其他补救措施:可采取修改、解除和终止履行合同等补救措施。

六、《商标法》

《商标法》是确认商标专用权,规定商标注册、使用、转让、保护和管理的法律规范的总称。它的作用主要是加强商标管理,保护商标专用权,促进商品的生产者和经营者保证商品和服务的质量,维护商标的信誉,以保证消费者的利益,促进社会主义市场经济的发展。

《商标法》由1982年8月23日第五届全国人民代表大会常务委员会通过,并由1993年2月22日第七届人大常委会修改,1993年3月1日起实施。

商标是由文字、图形、符号或它们的组成构成,用以区别同类商品的标志。我国《商标法》保护的商标种类有商品商标、服务商标、集体商标和证明商标。

侵犯注册商标专用权,应承担相应的法律责任。侵犯注册商标专用权有以下几种情况:未经注册商标所有人许可,擅自使用者;销售明知是假冒注册商标的商品;伪造、擅自制造他人已注册的商标标识;给他人的注册商标专用权造成其他损害的。

注册商标的使用及管理应满足以下几点。

(1)撤销注册商标:自行改变商标内容,自行改变注册事项,自行转让注册商标者,商标局有权撤销注册商标。

(2)使用的产品质量低劣,以次充好,欺骗消费者的责令限期集中整顿,情节严重者责令检讨、通报批评、处以罚款。

(3)使用末经过注册的商标,由工商行政机关予以制止。

(4)任何人不得非法印刷或买卖商标。

七、《票据法》《广告法》《反不正当竞争法》

《票据法》由1995年5月10日第八届全国人民代表大会常务委员会第十三次会议通过,根据2004年8月28日第十届全国人民代表大会常务委员会第十一次会议《关于修改〈中华人民共和国票据法〉的决定》修正。

《广告法》由1994年10月27日第八届全国人民代表大会常务委员会第十次会议通过,

1994年10月27日中华人民共和国主席令第34号公布。

《反不正当竞争法》由1993年9月2日第八届全国人民代表大会常务委员会第三次会议通过,1993年9月2日中华人民共和国主席令第10号公布。

八、实验室认证

实验室要获得相关认证需要通过计量认证(MA)能力考核、质量认可(AL)授权、中国实验室国家认可委员会(CNACL)能力考核。实验室通过上述认证必须做到以下几个方面:①仪器设备;②人员素质,技术负责人、质量保证人、2个以上的注册检验师、技术人员占75%以上;③环境条件,有检验室、办公室、样品室、危险品室;④组织机构,即正式成立时的文件(批文)、任命文件、职责管理、第三方认证;⑤管理手册,即各种制度的汇编。

珠宝行业的检验报告需具有以下内容:①封面,包括认证和认可标志、送检单位、产品名称、型号、检验类型、检验单位全称、日期、公章;②首页,包括送样名称、型号、完整性、检验依据、项目、类型(委托检验、监督检验、仲裁检验)、生产单位名称及地址、联系人及电话、检验结论、备注;③次页,包括参数表、单项判定、综合判定;④封底,包括对来样负责、申诉期15天、修改、复印、无印章和签名无效、检验单位、地址、电话(图1-3、图1-4)。

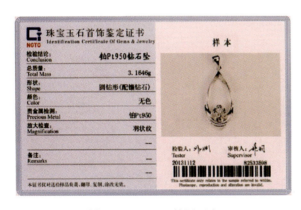

图1-3 NGTC检测证书

图1-4 北京宝石鉴定中心检测证书

课后练习题

一、名词解释
1. 职业道德
2. 纪律
3. 爱岗敬业
4. 标准化
5. 计量

二、填空题
1. 职业道德就是同人们的职业活动紧密联系的符合职业特点要求的_____、_____与_____的总和。
2. 职业道德既是对本职人员在职业活动中行为的要求,同时又是职业对社会所负的道德_____。
3. 职业具有不断发展和世代延续的特征,不仅技术世代延续,而且管理员工的方法、与服务对象打交道的方法也有一定的_____。
4. 职业道德有时以_____、_____、_____的形式表达,让从业人员认识到从业人员具有纪律的规范性。
5. 职业守则的内容:_____、坚定奉献的信念、_____、增强技能,_____、遵守规范、以人为本、与服务对象建立良好的关系。
6. 奉献社会的基本要求是:把公共利益、社会利益摆在第一位,这是每个从业者行为的_____和归宿。
7. 珠宝从业人员与顾客交流时要_____、态度和蔼、_____,提高服务的质量和效果。
8. 珠宝从业人员要在维护客户利益的基础上_____、服务顾客,为顾客排忧解难,做到_____。
9. 真诚守信和一丝不苟是做人的基本准则,也是一种_____。
10. 珠宝行业在我国是一个较新兴的行业,1996年10月才出现了第一部_____。

三、选择题
1.《产品质量法》是规定产品质量监督管理以及生产经营者对所生产的缺陷产品所致他人人身伤害或财产损失应承担的赔偿责任所产生的社会关系的法律规范的总称。《产品质量法》的监督机制是由哪些部分组成的?(   )
   A. 国家监督、行业管理
   B. 行业管理、社会监督
   C. 社会监督、国家监督
   D. 国家监督、行业管理、社会监督

2. 珠宝行业在我国是一个较新兴的行业，哪一年才出现了第一部《珠宝玉石国家标准（试用）》？（　　）

  A. 1995   B. 1996   C. 1997   D. 1998

3. 随着珠宝行业在我国的兴起，1996年至今国家相关的法律法规不断完善，下列哪些法律法规是珠宝行业所涉及到的？（　　）

  A.《计量法》 B.《合同法》 C.《标准化法》 D. 以上全部

4. 在选购珠宝时尽量选择有信誉的商家并认准珠宝行业相关证书，我国珠宝专业证书标识有哪些？（　　）

  A. 计量认证 B. 质量认证 C. 计量认证、质量认证 D. 全都不是

5. 珠宝行业常使用的计量单位有克拉、珍珠格令、金衡盎司、英寸等。其中克拉是一个衡量质量的单位，下列关于克拉与国际单位换算中不正确的是哪个？（　　）

  A. 1ct＝0.2g B. 1g＝2ct C. 1ct＝200mg D. 1g＝5ct

第二章 首饰发展史

第一节 中国首饰发展史

一、原始社会

原始技术的发展为原始首饰的制作提供条件：最重要的技术之一是石器制造。人们开始对石头进行加工，用尖状石头来做砍砸器，而片状石头用来做削割器。

原始社会的首饰特征：主要利用磨制技术对石器进行了更精细的加工，并经过磨光、钻孔、穿绳，大大增加了使用功能；在制造过程中，对石材的形状进行加工制成装饰品，甚至还染成各种颜色加以美化。

二、夏商周

夏商周时期最典型的工艺是青铜工艺。无论是造型、纹样还是铸造工艺都达到了登峰造极的阶段，而且充满神秘之感，充分显示出奴隶主统治阶级希望用神灵的观念来威慑奴隶阶层的本意。除此以外，陶瓷工艺也有了新的发展，并在原有的基础上创烧了白陶和釉陶，进一步烧出原始青瓷。

夏商周主要有骨、角、玉、蚌、金、铜等各种首饰佩饰制品，玉制品最为突出。首饰的发展仍以玉石带为主。商周时期的玉器，从材质来看有青玉、白玉、黄玉以及绿松石、孔雀石和玛瑙等，从品种上看主要有礼器、日用品、佩饰品、兵器和工具等。由于青铜工艺的发展以及黄金被人们所认识，黄金也被用来制作首饰。

三、秦汉

秦汉时期的首饰特征：玉礼器（所谓瑞玉）数量减少，已不再是玉器品种的重要组成部分，而各种作为装饰用的玉佩饰物的数量大大增加。首饰的材料也相对丰富了许多。除了玉和黄金材质外，木制饰品也大量出现，伴随木制饰品的出现，轻巧华丽的漆器工艺也得到了发展。漆器工艺的装饰彩绘以红、黑两色为主，间以黄、绿、蓝等色，色彩分明，典雅华贵。

四、魏晋南北朝

魏晋南北朝时期的首饰特征:金银器数量较多,金银器的社会功能进一步扩大,制作技术更加娴熟,器形、图案也不断创新,较为常见的金银器仍为饰品,即镯、钗、簪、环、珠和各种雕镂锤铸的饰件等;这个时期的戒指,錾刻花纹增多,戒面扩大,有的还雕镂纹样,或镶嵌宝石;掐丝镶嵌、焊缀金珠等手法仍盛行不衰,同时,随着佛教及其艺术的传播,金银器的制作和功能亦颇受影响。花纹用金丝掐制,并焊上小金珠,镶嵌珍珠、琥珀、宝石等。

五、唐朝

唐朝的首饰特征:唐代金银器纹样丰富多彩,包括动物纹样和植物纹样,植物纹饰是唐代金银器中表现得最多的题材,有写实性的、有图案化的,品种繁多,唐代金银器的工艺技术也极其复杂、精细。

六、宋辽金元

宋代首饰主要有头饰、耳饰、颈饰、腕饰、腰饰、带饰等。可见,宋人有佩戴坠饰的风气,且饰品多以玉为主。

辽、金、元时期,存在着相当成熟的制玉业,存在着崇拜及使用玉器的时俗,制玉工艺达到了一定的水平。辽、金、元时期多以鎏金银冠和金步摇钗作为头饰、耳饰、项饰、臂饰、革带、佩饰等。

七、明清时期

明清时期的首饰特征:首饰上不仅继承和发展宫廷首饰的种类和造型特点,与世俗民众生活紧密相连的民间首饰也得到大大发展。区别于宫廷工艺的细巧严谨,民间首饰表现出自由健康的精神面貌和浓厚的生活气息,以及对真、善、美的追求和迎祥祈福的心理诉求。

八、清朝

清朝的首饰特征:金银首饰一改唐宋以来或丰满富丽、生机勃勃,或清秀典雅、一曲恬淡的风格,而更多地趋于华丽、浓艳,宫廷气息也越来越浓厚。雍容华贵的造型、色彩斑斓的宝石镶嵌,特别是那满眼皆是的龙凤图案,象征着不可企及的皇权。这一切都和明清两代整个宫廷装饰艺术的总体风格和谐一致,但却和贴近世俗生活的宋元金银器制品迥然不同。

造型随制品功能的多样化而更加绚丽多彩,纹饰则以繁密瑰丽为特征,或格调高雅,或富丽堂皇,再加上加工精致的各色宝石的点缀搭配,整个制品更是色彩缤纷、金碧辉煌。清代金银制品的加工特点可以用"精""细"二字概括。

清代还出现了在金银制品上点烧透明珐琅,或引进掐丝烧珐琅以及金胎画珐琅等新工艺,这类作品在广州非常流行,造型别致,色条浓郁或雅丽,更增添了宫廷物品的富贵气息。

第二节　国外首饰发展史

首饰是指佩戴在人体上的装饰品。在 2 万多年前的欧洲洞穴壁画中,就有佩戴装饰品的人物形象,所用的原料可能是鱼骨、石子、贝壳等。

现存最古老的首饰来自古埃及的中王朝(公元前 1991—公元前 1778),古埃及妇女佩戴着发环、发卡、项链、手镯,在腰下围着狭长的珍珠饰带。当时用的金属几乎只有金和银,宝石有红玉髓、紫晶、绿松石、青金石、长石、绿柱石和碧玉等,还经常用蓝色或绿色的陶珠代替宝石。

古埃及文化影响到地中海中的克里特岛。在岛上的克里特—迈锡尼(公元前 1800—公元前 1100)文化中,也包括首饰。种类有金叶饰带、耳环、饰针、指环、项链、挂件等。主要用浮雕装饰,题材有圆圈纹、螺旋纹、玫瑰花、棕榈、狮子、山羊、狮身人面像等。纹样是刻在金箔上再贴在软性材料(如树脂)上。螺旋纹可能是用金属丝弯好再附在金箔上捶打而成。在公元前 9 世纪—公元前 7 世纪,迈锡尼的首饰受到亚述的影响(例如它用了玫瑰花形),还出现了一种谷粒纹样,它是用小颗金属球焊接在同类金属平面上而形成的。

公元前 2 世纪—公元 2 世纪的古罗马首饰继承希腊的传统。宝石和玻璃人造宝石的运用渐渐增多。耳环有着各种不同式样的垂坠,甚至有一种做成含两耳的酒瓶形状,显示了埃及和叙利亚的影响。有的耳朵有"S"形的钩子,项链是"8"字链,扣上具有护身符意义的挂坠。手镯变得粗大,有的做成一条盘曲的蛇的形状,有的用金属线绞在一根基线之上,也有用珍珠、青金石、绿玉髓编成。古罗马还盛行一种浮雕宝石饰品,称为"卡米奥"。那是用玛瑙琢成的椭圆形片,它利用宝石上、下不同层面的不同色彩,将浮雕部分与底子部分区分开来,例如在黑色或棕色底子上刻白色的浮雕。

建于公元 4 世纪的拜占廷帝国的首饰在罗马传统风格中加入了东方的风格。他们的主要贡献是掐丝珐琅技术。图案的轮廓是由金属细条围在金属胎上和焊在表面,中间填上釉彩。

公元 5 世纪—公元 9 世纪的欧洲由于宗教的严酷统治被称为"黑暗时代"。这个时代的首饰中可以看到基督教因素的介入,如十字架成为重要的垂坠。此时宝石是献给教堂的,较少见于佩戴。

14 世纪的欧洲出现了文艺复兴的曙光。由于意大利与东方贸易的加强,宝石地位逐渐提升。妇女的裙子变得丰富华丽,需要更多形式的首饰来搭配。女子佩戴着花冠、头饰和项链,男子佩戴镶着黄金或珐琅的腰带。佩戴首饰成为地位的标记。戒面做成精致的花瓣形凸起。心形的胸针上刻着爱情语句在情人间交换。在 14 世纪,簇形胸针发展成一圈图案围着一颗大宝石的式样。15 世纪宝石工艺更为发展,宝石切割越来越精妙,设计形式受到火焰式和垂直式哥特风格建筑的影响,壁画和窗花格微型化为首饰式样。低敞胸裙子的流行,引发了人们对项链和垂饰的需求,而宽袖衣给了手镯露面的机会。男子佩戴镶宝石的皮带扣,女子在项链上挂着可开合的空心小盒,盒面有着珐琅的宗教画,如耶稣受难、受胎告知、圣母像、天使等,盒里装一束爱人的头发。15 世纪还流行帽饰,用黄金或其他金属制成。

文艺复兴早期的首饰匠力图在设计中表现古希腊和古罗马的精神。他们对古希腊、古罗马的首饰原型知之甚少,因而表现得较多的是运用古希腊和古罗马的神话题材来制作首饰(如林中少女、半人半羊的"山道尔"和古典柱式、山墙），真正反映出文艺复兴与古罗马联系的是：古罗马的"卡米奥"浮雕在14世纪被广泛仿制。文艺复兴时期的意大利艺术家一般首先被训练为一个金匠，他们用涂上珐琅的黄金做微型雕塑。从16世纪中期开始，浮雕让位于镂刻。首饰中心从意大利、法国移向奥地利和德国。首饰越来越被看作是妇女的专用装饰品，而且越发奢华精巧。妇女佩戴一整套首饰，包括手镯、衣领角、有垂饰的项链和头饰。垂饰有龙形、海马、魔鬼、圣经和其他神话题材，都是用涂上珐琅的黄金制成，镶着奇形怪状的玲珠，有时还有方形的宝石镶边。

在17世纪，具象首饰不再流行，人们把对涂珐琅的黄金的热情转向了宝石。随着切割技术高度发展，出现了一大批各式各样的切割方式。1650年后，圆顶宝石很少被用。托架从自然花朵形态转向叶形。当时还出现了由骷髅和交叉骨头制作的葬礼首饰。那是将死者的遗产打成一批葬礼戒指，分赠死者的亲友，这是宗教改革后出现的一种风俗。

17世纪末—18世纪，人们的兴趣转向欣赏首饰的光芒。切割技术更为完美。钻石切割技术发明于1700年，到18世纪初，一颗钻石最多可以切割出58个面。钻石在宝石中占统治地位，次等是水晶，最次的是白铁矿石。一套首饰包括耳环、项链、手镯、胸饰以及鞋扣。首饰分成两种使用类型：一种在日光下使用，一种在晚间烛光下使用。

18世纪后20年，英国的艺术与建筑出现了古典复兴主义，它也波及首饰设计。戒面、垂坠和怀表面上镶着一幅珐琅的微型画，题材是神话故事或贵族人像。在法国拿破仑时期，拿破仑的妻子斯坦芬尼创立了一种流行式样：长长的耳环、高高的花冠冕、宽手镯、花项链和大皮带扣，这是法国新古典主义的式样。19世纪柏林出现了铸铁首饰，后来又出现了煤金首饰，并一直在当世纪流行。

19世纪是时装首饰流行的主要时期。典型的有在颈上系一个天鹅绒结，上面有饰物针。19世纪的后半世纪，批量生产的首饰开始大量出现。批量首饰成为一种普及的商品，但也有像俄国的法布尔兹这样的首饰制作大师出现。

20世纪以后首饰的主流是时装首饰。它一般是在金属架上嵌玻璃、白铁矿石或其他仿制品。它与时装配套，流行周期短暂，已没有任何保值价值，只具装饰价值。但也有少数著名的艺术家参与首饰设计，如毕加索、达里都曾设计过现代风格的首饰。伦敦和巴黎是当时世界主要的首饰生产中心。

第三节　中国传统题材和典故

在上古神话时期，娥皇女英，甚至精卫、嫦娥、女娲到底戴什么首饰呢？唯有兽骨、木和碎陶片。

尧帝的两个女儿，一个叫娥皇，一个叫女英，同嫁舜帝为妻。后来舜死于南巡途中，二女哭着去找，泪染青竹，竹上生斑（潇湘竹、湘妃竹，也就是南方的斑竹），伤心欲绝，跳了湘江，化为神，人称湘君、湘妃或湘夫人。唐代诗人刘禹锡的《潇湘神》描述了上古第一幕伤情：

斑竹枝，斑竹枝，泪痕点点寄相思。

楚客欲听瑶瑟怨，潇湘深夜月明时。

作为上古传奇悲情姐妹花，父亲和夫君都是位高权重之人，娥皇、女英的出身和归宿尊荣无比，世无其俩。她们的衣饰，自然也代表了时代潮流。但毕竟那是原始社会，茹毛饮血之后，骨头用来做饰品。一般女子披头散发，唯有殷实人家才能将头发束起来。束发品普遍有三种：笄、巾帻和冠帽。其中能称为首饰的，只有笄。那时制作笄，材料主要是骨、木、石、蚌、竹、玉等，从式样来说，有棒形、柳叶形、长方形、椭圆形等，笄首装饰不同的图案、花纹，甚至兽首，但总体以简单质朴为主。这种首饰的制作工艺无关审美，只因工艺所限。

笄后来演变为簪和钗，进而发展出步摇与华胜。及笄表示女子成年，可以出嫁了。随着时代发展，头饰渐渐弱化，即便结婚这等隆重之事，也几乎只盘发、绾髻，不再花钿满头了，这多少令人惋惜。

苏若兰，名苏蕙，魏晋三大才女之一，回文诗的集大成者。苏若兰的丈夫名叫窦滔，是魏晋时期前秦君主符坚手下大将，因得罪权臣被判流放新疆，离别前苏若兰一再表白对丈夫的忠贞之情，期待团圆。但窦滔到新疆后另觅新欢，苏若兰得知消息后，强忍悲愤写了841字的回文诗，并一针一针绣在织锦上，史称《璇玑图》，寄给负心郎。窦滔收悉，顿感惭愧，从此夫妻情好如初。宋代黄庭坚有诗云：

千诗织就回文锦，如此阳台暮雨何？

亦有英灵苏蕙手，只无悔过窦连波。

这首841字的《璇玑图》，纵横回璇反复逆顺读皆成章句，可组成三、四、五、六、七言诗，共得7958首。每首诗语句节奏明快，对仗工整，韵律和谐，如诉如怨，情真意切。读之，伤感处催人泪下，愉快处使人破涕而笑，真可谓妙手天成。这幅《璇玑图》，曾从苏若兰生活的陕西步步流落江南，南宋才女朱淑真曾得观真迹，大为赞叹。像苏若兰这种天纵才女，该佩戴什么样的首饰呢？对，戒指。她用情如此之深，不佩戴戒指怎么行！

戒指，又名指环、约指、手记。新石器时代用以装饰，汉魏以后，成为寄情定信的物件，用以表达对爱情的忠贞不渝。魏晋时期，据已出土戒指形制，江南多为金玉打底，托嵌宝石；西北多为金银打底，托嵌兽首。而金刚指环，则多为天竺贡品。

苏小小，生活于金粉六朝的南齐，因身形娇小，父母便取名小小。本姑苏人，后流落西湖湖畔。父母早亡，与乳母靠家中积蓄生活。苏小小是难得的自由主义者，她宁愿在青楼为妓，也不愿委身豪门。此种不愿受拘束的女子，当以耳环为饰。发饰在古代可谓花样百出，但现代不再追求那种舞凤飞鸟般的高髻造型，发饰也相应零落了。但耳饰，则越来越花样繁多。耳饰的流行开端，也在新石器时代，大地湾出土的人头形器口陶瓶，两耳都有穿挂耳饰的穿孔。因儒家主张身体发肤受之父母，所以对耳垂钻孔一事相当反对，因此耳饰的发展可谓一波三折。新石器时代耳饰主要是玦，商周时期则出现了玦（有缺口）、瑱（玉耳塞，类似无线耳机）、珰（有响儿，类似铃铛）、环（类似今天的耳环）及坠饰（耳坠）等。

课后练习题

一、选择题

1. 夏商周时期最典型的工艺（　　）
   A. 青铜工艺　　　　　B. 花丝工艺　　　　　C. 珐琅工艺
2. 唐朝的首饰特征（　　）
   A. 以玉器为主　　　　B. 纹样丰富多彩　　　C. 清秀典雅
3. 国外现存最古老的首饰出现于（　　）时期
   A. 古埃及的中王朝　　B. 文艺复兴　　　　　C. 17世纪
4. 20世纪以后首饰的主流是时装首饰（　　）
   A. 钻石　　　　　　　B. 红宝石　　　　　　C. 玻璃　　　　　D. 白铁矿石

二、填空题

1. 清朝的首饰特征：金银首饰一改唐宋以来或＿＿＿＿＿＿、生机勃勃，或＿＿＿＿＿＿、＿＿＿＿＿＿，而更多地趋于华丽、浓艳，宫廷气息也越来越浓厚。
2. 宋代首饰主要有＿＿＿＿＿＿、＿＿＿＿＿＿、颈饰、腕饰、腰饰、＿＿＿＿＿＿等。
3. 唐代金银器纹样丰富多彩，包括＿＿＿＿＿＿和＿＿＿＿＿＿。

三、简答题

1. 原始社会的首饰特征是什么？
2. 魏晋南北朝时期的首饰特征是什么？
3. 什么是首饰？原始社会用来制作首饰的材料有哪些？

第三章 贵金属首饰专业知识

第一节 各类首饰的制作工艺过程

现代首饰的生产是以失蜡铸造为核心的首饰批量化生产的过程。失蜡铸造俗称倒模,是目前首饰工业化生产的主要手段。优点是一方面可以满足首饰批量生产的要求,另一方面能够兼顾款式或品种的变化。失蜡铸造的工艺流程如下。

一、压制胶模

压制胶模首先要有首版,通常首版的材质是银,而银版的制作完全是依靠起版师傅的手工技艺完成的,这是首饰制作工艺中要求最高的工序,所制银版必须光洁无痕,各部分结构合理,镶嵌宝石的位置尺寸准确无误。用银版与质地比较软的生硅胶,经过加温加压压制出熟硅胶模,压制好的硅胶模质地比较硬,不容易变形。用锋利的刀片按一定顺序割开胶模,取出银版,得到中空的胶模,橡胶模开好后进行注蜡操作。

二、蜡模制作

向中空的胶模注蜡,注蜡机中蜡的温度应保持在70~75℃之间,将蜡液注入胶模,冷却后取出蜡模,依次重复,得到多件蜡模。蜡模可能会存在一些问题,如部分结构变形、小孔不通、线条不清等,所以要修整蜡模。最后用蘸上酒精的棉花清除蜡模上的小蜡碎。

三、铸模制作

制作好的蜡模按照一定的顺序,用焊蜡器把它们依次分层地焊接到一根蜡棒上,最终得到一棵形状酷似大树的蜡树,再把蜡树放入钢制套筒中灌注石膏浆。石膏经过抽真空、自然硬化,再放进焙烧炉里按一定升温时段烘干,然后石膏筒内的蜡经过融化、蒸发从而消失,使铸坯内形成各种与蜡模一样模型的空腔。把中空的石膏模型拿出来,等待浇铸金属。

四、铸造

把准备好的金属熔液迅速倒入石膏模型中,再使用真空感应离心浇铸机浇铸。等金属液体冷却成为固体到适当的程度之后,将石膏模放入冷水炸洗,石膏模从而裂开,使金属树与石膏模分裂。然后取出金属铸件后进行浸酸、清洗再烘干,最后就可以剪下一个个首饰的毛坯了。

第二节　贵金属材料的物理、化学性能

贵金属有金(Au)、银(Ag)、铂(Pt)、锇(Os)、铱(Ir)、钌(Ru)、铑(Rh)、钯(Pd)八种。其中首饰行业最常见的是银(白银)、金(黄金)和铂(铂金),下面简单介绍一下这三种金属的物理化学性质。

一、黄金

1. 黄金的物理性质

(1)黄金的密度比较大,在常温时,黄金的密度是 $19.3g/cm^3$。

(2)具有良好的导电和导热性能,黄金的导电性仅次于白银和铜而位居第三。黄金的导热性仅次于白银。

(3)黄金具有极好的延展性,摩氏硬度为 2.5。

(4)挥发性很小,在 1100~1300℃ 之间,黄金挥发量很少。挥发速度与周围的气体有关。

2. 黄金的化学性质

(1)黄金的化学稳定性强,在常温下不与硝酸、硫酸、盐酸、氢氟酸、水和空气等试剂或气体相互发生化学作用。但在一定的条件下,某些酸、碱、溶化的各种盐类及卤素介质等会对黄金产生腐蚀。

(2)可以形成多种化合物,并在化合物中呈一价或三价。

二、铂金

铂金具有以下几大特性:

(1)铂金密度高,耐磨损。铂金是所有金属中密度最高的贵金属之一,它的密度在 20℃ 时为 $21.4g/cm^3$。由于它的特性,保证了每件铂金首饰都不易被划伤和磨损。

(2)无瑕纯净,经常佩戴也不会出现斑点和褪色。

(3)铂金质地柔软,坚韧不变。铂金的摩氏硬度为 4~4.5,富有良好的延展性,因此将铂金制成项链或各款镶嵌宝石的首饰更为牢固可靠。

(4)铂金导电性能好,稳定性高。熔点为 1763℃ 左右,是首饰材料中最难熔的金属。

(5)由于铂金具有较强的韧性,所以足铂的加工难度较大,对加工工具和设备的磨损较快。

总而言之，铂金的密度、摩氏硬度、熔点等方面都比黄金要高，凡是黄金所具备的特性，铂金都具备，而且很多方面都已经超越了黄金。

三、白银

白银是有色金属中白色金属的一种，由于它在贵金属中的储藏量比较大，价格也比较便宜，用白银可以代替其他稀有金属，因此白银的用途非常广泛。白银的密度为 $10.5g/cm^3$，摩氏硬度为 2.7，主要特性如下：

(1) 白银的颜色为银白色，光润洁白，但是掺入杂质后，颜色逐渐加深，硬度随之变大。

(2) 白银的密度较大，仅次于黄金而重于铜、铁、锌等金属。足白银的挥发性相对较小，在自然界中氧化后，白银生黑锈。

(3) 有较好的延展性和可塑性，1g 的白银可以拉成 1800m 长的细丝。

(4) 白银具有极好的导电、导热性能。白银的导电、导热性能是所有金属中最好的一种。

(5) 白银可溶于硝酸和硫酸。

第三节　贵金属首饰的标识

贵金属首饰上的标识有如下类型：

(1) 贵金属首饰生产厂家或商家的标识或商标。

(2) 该首饰所采用的主体贵金属元素的名称，比如金、银、铂、钯等。可以用汉字，也可以用它们的元素符号来标识，比如 Au、Ag、Pt、Pd 等。

(3) 贵金属元素的含量，即纯度。通常有千分制和 K 制两种标识方法。如"金 750"，是千分制，表示黄金的含量不低于 750‰；如果用 K 制的话，则标识为"18K"等。

(4) 如果款式是镶嵌有宝石的镶嵌类款式，国家规定只对镶钻首饰主石在 0.10ct 以上的钻石质量进行打印印记。如：0.45ct(D) 表示主石质量为 0.45ct，其中 D 是英语 diamond 的第一个字母缩写。有时为了方便，印记中可以没有小数点或 ct，直接打印 D045ct 或 D045。

第四节　焊接设备、燃料的性能及其使用方法

(1) 组合焊具是首饰制作中的重要工具，组合部件为风球、油壶和火枪。风球又称为鼓风器，其作用是产生足够的压力和气流，使油壶里面的燃料（汽油、煤气、天然气、氢气等）与空气中的氧气充分混合，到达火枪后被点燃产生火焰。火枪一般有一个调节阀门，可调整火焰的大小、粗细。组合焊具的作用主要有熔金、退火、焊接等。

(2) 焊接操作时需要将要加工的工件放在焊瓦上进行加热，因为它有隔热防火的作用，使火不会直接烧到工作台面。焊接时还需要焊夹固定工件，让工件不随意移动。焊镊可以进行分焊，夹持焊料到焊接位，也可以用来搅拌焊料。

（3）焊料与被焊接的材料色泽相同或相近。用焊枪的火焰将焊料熔化成焊珠，用焊夹将焊珠放在焊缝处，再加热烧使焊珠熔化在接缝中，冷却，从而把缝给焊接上。

（4）硼砂在熔金时起到助熔作用，熔焊料时蘸一点硼砂能使焊料迅速熔化。

（5）明矾主要用来清洗附在金属表面上的污垢和硼砂，同时还可以除掉焊接时产生的氧化物。使用时用金属容器装好明矾液体，把要清洗的金属放在液体内，用火枪加热金属容器的底部"煮"到金属颜色得到恢复为止。

第五节 常见镶嵌用珠宝基本知识

对于规则形状的宝石常见的镶嵌方法有爪镶、钉镶、轨道镶、包镶、框角镶等。每一种镶嵌方法都要注意了解各个宝石的硬度特征。硬度低的宝石要注意镶嵌时所用的工具不能刻划、研磨到宝石，否则会在宝石的表面留下破损痕迹。而且要注意避开宝石内部存在的解理、裂隙等瑕疵，以防在镶嵌过程中破坏宝石。有些宝石可能存在一些特殊光学效应，镶嵌时就要把能观察到特殊光学效应的一面作为正面来镶嵌。所以要观察好宝石的优缺点，选择适当的镶嵌方式，既能把宝石的美丽展现出来，同时也要避开其缺点。

课后练习题

一、填空题

1. 贵金属有_____、_____、_____、_____、_____、_____、_____、_____八种。
2. 黄金的摩氏硬度是_____,密度是_____;铂金的摩氏硬度是_____,密度是_____;白银的摩氏硬度是_____,密度是_____。
3. 铂金的_____、_____、_____等方面都比黄金要高。
4. 黄金的元素符号为_____,铂金的元素符号为_____,白银的元素符号为_____,铑的元素符号为_____。
5. 宝石加工的镶嵌方法有:_____。

二、单选题

1. 导电性与导热性最好的贵金属是(　　)。
   A. 铂金　　　B. 黄金　　　C. 黄铜　　　D. 白银
2. 标识为"Pt990"的戒指表示(　　)。
   A. 含量不低于990‰的铂金　　　B. 含量不低于990%的铂金
   C. 含量不低于990‰的黄金　　　D. 含量不低于990‰的白银
3. 明矾主要用于(　　)。
   A. 清洗附在金属表面上的污垢和硼砂　　　B. 清洗宝石表面的尘埃
   C. 点燃产生火焰　　　　　　　　　　　　D. 提高焊料熔化的速度
4. 焊夹的主要作用是(　　)。
   A. 隔热防火　　　B. 控制火焰　　　C. 以防烫伤　　　D. 固定工件

第四章　宝玉石鉴定知识

第一节　宝玉石概述

一、宝玉石的定义

珠宝玉石广义上讲是指经过琢磨、雕刻后可以成为首饰或工艺品的一类材料。而其狭义上指自然界产出的,具有美观、耐久、稀少性的,具有工艺价值,可以加工成装饰品的物质材料(晶质体、非晶质体以及矿物集合体)。

并不是所有的矿物岩石都能成为宝石,石头要想达到宝石级别必须具备美丽、耐久、稀少这三个条件,因此宝玉石是众多矿物岩石里面的精华。

二、宝玉石的分类

我国对珠宝首饰行业制定了国家标准,把宝玉石分类如下:

珠宝玉石
- 天然珠宝玉石
  - 天然宝石
  - 天然玉石
  - 天然有机宝石
- 人工宝石
  - 合成宝石
  - 人造宝石
  - 拼合宝石
  - 再造宝石

三、宝石中的包裹体

天然宝石的生长环境很复杂,在生长过程中由于自身或外界因素使宝石内部含有一些物质、生长蚀象、缺陷等特征,俗称"瑕疵"。宝石中的包裹体包括气、液、固相物质,以及解理、裂隙、双晶、生长纹、色带、生长蚀象等。例如,缅甸红宝石中的磷灰石、琥珀中的气泡、蓝宝石的六边形生长纹等。

研究宝石包裹体在宝石学中具有以下重大的意义：

(1)能鉴别出宝石的种类或品种，如橄榄石中的"睡莲状"包裹体；

(2)能够区分天然和合成的宝石，如合成红宝石中具有天然红宝石没有的弧形生长纹和变形气泡；

(3)检测宝石是否经过处理，如染色处理的宝石，染剂往往沿裂隙凹坑中富集；

(4)能评价宝石的"洁净程度"从而对宝石进行分级，如钻石的净度分级；

(5)评价宝石因解理或裂缝而进一步损伤的可能性，如镶嵌宝石时要注意石边会崩裂；

(6)了解宝石形成时所处的环境，判断宝石可能的产地，如乌拉尔祖母绿中的竹节状阳起石包裹体。

四、宝石的特殊光学效应

光在宝石中产生折射、反射、干涉、衍射等作用时，使宝石产生了一些特殊的光学效应，主要包括猫眼效应、星光效应、变彩效应、变色效应等。

在宝石的切割和宝石的镶嵌加工过程中，都应该注意把宝石特殊光学效应的美呈现出来。例如，具有星光效应的红宝石，切割时就要注意把能观察到星光效应的方向设置为宝石的正面方向。

(一)猫眼效应

猫眼效应是指弧面宝石在光线的照射下，在表面呈现出一条明亮的光带，该光带随着样品的转动或光线的转动而移动的现象。猫眼效应的产生原因：宝石内部有一组密集的定向排列的条管状、纤维状包裹体或定向的结构，它们对可见光发生折射和反射作用，从而引起了猫眼效应。

具有猫眼效应的宝石除了金绿宝石中的猫眼石之外，还有祖母绿、发晶、石榴石、碧玺、磷灰石、矽线石等。

(二)星光效应

星光效应是指弧面形切割的宝石表面呈现两条或两条以上交叉亮线的现象。星光效应的产生原因：宝石内部有两组或两组以上定向排列的包裹体或内部结构，它们对可见光产生折射或反射作用等，从而表面出现相应交叉亮线的现象。星光效应的形成机理与猫眼效应的形成机理一样，区别只在于亮线的多少。

具有星光效应的宝石有红宝石、蓝宝石、祖母绿、石榴石、尖晶石等。

(三)变彩效应

变彩效应是宝石内部有特殊的结构，对光的干涉、衍射作用产生颜色，而且颜色随着观察方向的不同或光源的变化而变化的现象。

欧泊是具有变彩效应的典型宝石，从不同角度去观察欧泊时可以看到内部有五彩斑斓的色斑。

（四）变色效应

变色效应是指宝石在日光或日光灯下呈现绿色色调的颜色，而在白炽灯光下或烛光下呈现红色色调的颜色的现象。

具有变色效应的宝石极为稀少，有变石、蓝宝石和石榴石等。

五、宝石的力学性质

（一）硬度

硬度是指宝石抵抗外力、刻划等机械作用的能力。通常使用摩氏硬度去衡量宝石的硬度。摩氏硬度有10个标准矿物可供参考，每个矿物代表不一样的硬度。硬度从小到大排列为：

1	2	3	4	5	6	7	8	9	10
滑石	石膏	方解石	萤石	磷灰石	正长石	石英	黄玉	刚玉	金刚石

（二）韧度

韧度是指宝石抵抗打击、撕拉、破碎的性能，概念与脆性相似。常见宝石的韧度从高到低排序为：黑金刚石、软玉、翡翠、刚玉、金刚石、水晶、海蓝宝石、橄榄石、绿柱石、黄玉、月光石、金绿宝石、萤石。

（三）解理

解理是指宝石在外力作用下，沿一定的结晶学方向裂开成光滑平面的性质。解理可分为极完全解理、完全解理、中等解理和不完全解理。

解理在宝石加工等方面有着很重要的意义，例如利用钻石的解理性质，可以劈开坚硬无比的钻石。

六、珠宝玉石首饰的保养

硬度较高的宝石质地坚硬，能够承受较大的压力，但是它们也存在共同的缺点——具有脆性。具有解理的钻石和托帕石经受不了摔打、敲击，否则会因具脆性而崩落，或因具解理而沿解理方向产生裂纹，甚至碎裂。请记住，即使硬度最大的钻石，也经不起撞击。

佩戴珠宝应视具体情况勤于更换或取下。比如在洗手时最好将它取下，因为肥皂含有不同程度的碱性物质，日积月累，对于较脆弱的宝石，可能造成伤害，并且肥皂中的皂质也容易卡在戒指的细缝中，而大大影响宝石的光泽与亮度。此外，洗澡、做家务、游泳等，也容易碰伤宝石。

第二节 贵重宝玉石的特征与鉴定

一、钻石

(一)基本特征

(1)钻石的主要成分是碳,与石墨成分相同,含量在99.95%以上,另可含微量N、B、H等元素,正是这些元素决定了钻石的类型、颜色及某些物理性质。

(2)钻石理想的单晶形态常为八面体,少量菱形十二面体、立方体,但因熔蚀、磨蚀作用,常表现为歪晶、形成弧面磨棱浑圆状。

(3)成分纯净、结构完美的钻石无色透明。但无色系列的钻石常具浅黄—浅褐色调,彩色钻石的颜色有黄、红、蓝、绿等色。

(4)钻石的摩氏硬度为10,是迄今为止人类所发现的最硬的天然物质,但脆性也较大。所以佩戴时应避免碰撞,同时避免两件以上的钻石混放,以防因差异硬度造成磨损。

(5)相对密度:3.52,比一般宝石要大。

(6)热导率:钻石是已知物质中热传导能力最强的物质,是铜的5倍,在工业中得到了广泛的应用(尤其是航天、微电子工业)。

(7)热膨胀率:钻石的热膨胀率很低,不会有明显的热胀冷缩现象。所以在北方寒冷地区可以放心佩戴,不会因室内、室外温差大而产生裂纹。

(8)折射率和光泽:折射率为2.417,是所有天然无色宝石中最高的,并具有典型的金刚光泽,极其耀眼。由于是均质体,钻石不可能出现多色性、刻面棱重影现象。

(9)色散:钻石的色散值为0.044,也是所有天然无色宝石之最,能将白光分散成光谱式的彩虹颜色,自然界中将最大硬度、高折射率、强色散三大要素指标集为一体的唯有钻石。

(10)亲和性:钻石具强烈的亲油性,钻石表面很容易沾油,应避免用手直接接触钻石或戴着钻石首饰做饭、洗餐具。

(11)化学稳定性:钻石具有很高的化学稳定性,酸、盐及一般化学药品对它不起作用,包括浓硫酸和硝酸。

(12)发光性:钻石在紫外光照射下可发出各种颜色及强度的荧光,通常为蓝—浅蓝色,少数为黄色、黄绿色、橙色、粉色,长波紫外线下的荧光比短波紫外线更强。所有钻石在X射线下和阴极射线下都会发光,利用这些特征选矿既迅速又精确。

(二)钻石的鉴定

(1)钻石具有金刚光泽,同绝大部分仿制品的玻璃光泽明显不同;钻石的火彩强度能仔细观察到它的强弱,从而与火彩强度高于钻石大约50%的合成立方氧化锆区分开来;钻石整体的亮度和闪烁度也有别于大部分仿制品。

(2)从钻石的切工特点方面看,也能鉴别钻石与其仿制品。为了能把钻石更美的一面展示出来,大部分钻石严格按照要求切割,如刻面完整,腰部不能存在原始的晶面等。

(3)将具有圆明亮式琢型的样品台面向下放置在有线条的白色纸上观察,看不清线条的是钻石,否则为仿制品。

(4)根据钻石亲油疏水的性质可以用油性笔进行实验。划过能在表面留下清晰线条的是钻石,出现不连续痕迹的是仿制品。

(5)钻石内部各种形态和类型的包裹体也可以与仿钻相区别。

二、红宝石和蓝宝石

(一)基本特征

(1)红、蓝宝石的矿物名称为刚玉,其化学成分是三氧化二铝。常含微量的杂质元素铬、钛、铁、镍、锰等。

(2)晶体形态:三方晶系,多呈桶状、短粗状、板状。

(3)颜色:纯净的刚玉是无色的,但由于有微量元素的掺杂可呈现出各种红色色调和各种蓝色色调,以及绿、黄、粉、褐等色。

(4)光泽及透明度:透明—不透明,抛光表面具亮玻璃光泽或亚金刚光泽。

(5)摩氏硬度:9。

(6)折射率:1.762~1.770。

(7)多色性:均具有二色性,一般表现为不同深浅的颜色,红宝石、蓝色蓝宝石二色性较强,其他颜色的蓝宝石稍弱。

(8)发光性:紫外线下红宝石均可发现红色荧光,且长波下的强度高于短波下,日光也可激发红色荧光,但含 Fe 高者荧光较弱。蓝宝石一般无荧光,但含 Cr 的斯里兰卡蓝宝石和美国蒙大拿州蓝宝石有时呈粉色荧光。斯里兰卡产的一些黄色蓝宝石可具杏黄色或橙黄色荧光。

(二)红、蓝宝石的鉴定(表 4-1)

表 4-1 红、蓝宝石鉴定一览表

宝石名称	颜色	多色性	折射率	双折射率	光性	偏光检查	相对密度	光谱
红宝石	红色、橙红色、紫红色、褐红色	明显	1.762~1.770	0.008	一轴晶负光性	正常消光	3.9~4.1	Cr谱
蓝宝石	除去红宝石以外的所有刚玉宝石的颜色	明显	1.762~1.770	0.008	同上	同上	3.9~4.1	450nm、460nm、470nm

三、祖母绿

(一)基本特征

(1)颜色：祖母绿的翠绿颜色是由铬离子造成的。
(2)形态：六方晶系，常呈柱状。
(3)折射率：1.577～1.583。
(4)摩氏硬度：7.25～7.75。
(5)光性：一轴晶负光性。
(6)具有典型的铬致色的吸收光谱。
(7)玻璃光泽。
(8)内含物：有固态矿物晶体、气液两相包裹体等。
(9)发光性：在紫外光下常发暗红—粉红色荧光，但可能有铁的存在而导致荧光被抑制或掩盖。

(二)祖母绿的鉴定

祖母绿与相似宝石的鉴别主要通过折射率、密度、光性特征及内部特征等方面的性质。
(1)铬透辉石颜色稍暗，折射率高于祖母绿，除铬的吸收线外还在 505nm 处有吸收线。
(2)铬钒钙铝榴石呈黄绿—艳绿色，光泽强于祖母绿，为均质体，折射率和密度都高于祖母绿。
(3)翠榴石呈绿—暗绿色，特征近于铬钒钙铝榴石，内部常见特征为"马尾状"包裹体。
(4)绿色碧玺呈蓝绿—暗绿色，折射率、密度高于祖母绿，有较强双折射，刻面宝石可见后刻面棱线双影，多色性强，内部多为线状分布的气液两相包裹体。
(5)绿色磷灰石折射率、密度高于祖母绿，可见 580nm 吸收双线。

四、翡翠

(一)基本特征

(1)硬玉是翡翠的主要矿物成分，化学成分为钠铝硅酸盐，常含 Ca、Cr、Ni、Mn、Mg、Fe 等微量元素。
(2)结晶特点：单斜晶系，常呈纤维交织状结构，原料呈块状，次生料为砾石状。
(3)摩式硬度：6.5～7.5。
(4)光泽：油脂光泽—玻璃光泽。
(5)透明度：半透明—不透明。
(6)折射率：在折射仪上用点测法可见 1.66 附近有一较模糊的阴影边界。
(7)颜色有绿色调、黄色调、紫色调以及黑色调。
(8)发光性：有的在长波紫外光下可发出浅黄—黄色荧光，短波下无荧光；有的也可以在长短波下看不到荧光。

(二)翡翠的鉴定

翡翠的主要识别特征是:颜色不均,绿色走向延长;带油脂的强玻璃光泽;变斑晶交织结构;有凉感,在查尔斯镜下颜色不变。其他识别特征如下:

(1)翠性。不论翡翠原料或成品,只要在抛光面上仔细观察,通常可见到花斑一样的变斑晶交织结构。在一块翡翠上可以见到两种形态的硬玉晶体,一种是颗粒稍大的粒状斑晶,另一种是斑晶周围交织在一起的纤维状小晶体。一般情况下同一块翡翠的斑晶颗粒大小均匀。

(2)翡翠中均有细小团块状,透明度微差的白色纤维状晶体交织在一起的石花。这种石花和斑晶的区别是斑晶透明,石花微透明—不透明。

五、珍珠

(一)基本特征

(1)成分以碳酸钙为主,具有同心环状珍珠层结构。
(2)珍珠的形状多种多样,有圆形、梨形、蛋形、泪滴形、纽扣形和任意形,其中以圆形为佳。
(3)颜色有白色、粉红色、淡黄色、淡绿色、淡蓝色、褐色、淡紫色、黑色等,以白色为主。
(4)具典型的珍珠光泽,光泽柔而且带有虹晕色彩。
(5)透明度:透明—半透明。
(6)折射率:1.530~1.686。
(7)摩氏硬度:2.5~4.5。
(8)淡水珍珠的密度一般为 2.66~2.78g/cm^3,因产地不同而有差异。

(二)珍珠的鉴定

(1)两颗珍珠互相轻轻摩擦,会有粗糙的感觉,而假珍珠则产生滑动感觉。
(2)观察钻孔是否鲜明清晰,假珍珠的钻孔有颜料积聚。
(3)每一颗珍珠的颜色都略有不同,除了本身色彩之外还带有伴色,但假珍珠每一颗的颜色都相同,而且只有本色,没有伴色。
(4)有核养殖珍珠中的珠母上,有透明度不同的条纹,所以将有核养殖珍珠放在暗处,用强光透射,可以看到明暗不同的条纹。
(5)表面丘疹:有核养殖珍珠和天然珍珠一样,可以见到隆起的小疤或两粒小珠,摩擦时有砂粒感。

第三节 其他常见宝玉石的基本特征与鉴定

一、碧玺

碧玺是宝石级电气石的总称,碧玺的颜色亮丽、丰富,可有双色碧玺、三色碧玺等。

(1)碧玺密度大,为 3.06g/cm³,用手掂量比玻璃要显沉重一些。

(2)碧玺是颜色最为丰富的宝石品种之一,同一晶体上也可以出现不同的颜色,如黄色和绿色、粉红色和黄色、红色和蓝色等。

(3)多色性明显,可与一般的玻璃仿制品相区别。

(4)碧玺的折射率为 1.616~1.650,双折射率可达 0.044,利用放大镜透过碧玺晶体观察,背面的刻面棱会出现明显重影效应,仿制品则可能观察不到。

(5)碧玺的内部包裹体经常出现定向的线状、管状汽液包裹体。

二、欧泊

欧泊为非晶质体的蛋白石,宝石级的欧泊多有变彩效应,随着不同的观察角度可看到不同颜色。

(1)欧泊的体色可有白、黑、深灰、蓝、绿、棕、橙、橙红、红等多种颜色。

(2)玻璃光泽—树脂光泽,透明—不透明。

(3)欧泊为均质体,火欧泊常见异常消光。

(4)摩氏硬度为 5~6,相对密度为 2.15。

(5)荧光:无至中等强度的白色、浅蓝色、浅绿色和黄色荧光,火欧泊可有中等强度的绿褐色荧光。

(6)欧泊体内主要可见变彩色斑,很少见到包裹体,偶有两相和三相的气液包裹体。欧泊的色斑呈不规则片状,边界平坦且较模糊,表面呈丝绢状外观。

(7)欧泊具典型的变彩效应,在光源下转动可以看到五颜六色的色斑。

三、软玉

软玉是我国四大玉石之一,最为传统的玉石,尤其是白色软玉被视为玉中珍品。但绿色或深绿色的软玉产量大,价格较低,并和翡翠较为相似,可被用来仿冒翡翠。

(1)软玉是以纤维状的透闪石,或含铁透闪石,或阳起石微晶为主的集合体,由于组成的矿物颗粒细小,并且相互交织成毛毡状的结构,故韧性很大。

(2)软玉常见的颜色有白、白灰、绿、暗绿、黄和黑等色,主要依不同颜色划分为不同品种,白玉最受推崇,白玉中最好的称为"羊脂白"。

(3)折射率:1.62 左右。

(4)相对密度:2.96~3.17。

(5)摩氏硬度:6~6.5。

(6)断口特征:参差状断口。

(7)吸收光谱:大部分软玉品种无特征吸收光谱,翠绿色品种可能出现 Cr 吸收光谱。

课后练习题

一、填空题

1. 宝玉石都具备＿＿＿＿＿＿、＿＿＿＿＿＿、＿＿＿＿＿＿这三个条件。
2. 人工宝石包括＿＿＿＿＿＿、＿＿＿＿＿＿、＿＿＿＿＿＿、＿＿＿＿＿＿。
3. 硬度从小到大排列为：＿＿＿＿＿＿＿＿＿＿＿＿＿＿＿＿＿＿＿＿＿＿＿＿＿＿＿＿。
4. 特殊光学效应有＿＿＿＿＿＿、＿＿＿＿＿＿、＿＿＿＿＿＿、＿＿＿＿＿＿等。

二、选择题

1. 钻石具有（　　）组解理。
   A. 一组　　　B. 两组　　　C. 三组　　　D. 四组
2. 宝玉石当中硬度最高的是（　　）。
   A. 钻石　　　B. 红宝石　　C. 翡翠　　　D. 软玉
3. 宝玉石当中韧性最高的是（　　）。
   A. 钻石　　　B. 红宝石　　C. 翡翠　　　D. 软玉
4. 祖母绿的可见吸收光谱为（　　）。
   A. 可见580nm双线　　　　B. 铬的吸收光谱
   C. 风琴线状吸收光谱　　　D. 红、橙区全吸收
5. 翡翠点测法测折射率为（　　）
   A. 1.55　　　B. 1.77　　　C. 1.66　　　D. 1.60

第五章　量器具相关知识

第一节　常用量具

量具是实物量具的简称,它是一种在使用时具有固定形态、用以复现或提供给定量的一个或多个已知量值的器具。在首饰制作中常常需要用到各种量具来测量首饰以及宝石的尺寸(长、宽、高、厚、直径等)、指圈大小等,因此理解及熟练地使用量具是一个合格的首饰制作人员需要具备的基本要求。在珠宝行业常见的量具有直尺、游标卡尺、千分尺、手寸棒、手寸圈、测厚仪等。

一、直尺

直尺(图5-1)是珠宝行业中最常见的测量长度的量具,常常用来测量一些长度较大的首饰,尤其是测量项链的长度,或者大致估测宝石的尺寸等。直尺可由多种材料制成,常见的有铁、木、塑胶等,有一定硬度,否则为软尺。直尺的最小刻度一般为1mm,标度单位常为厘米,常见的是1m的米尺和15cm的短尺,但没有实际规限,所以长度范围从1cm到四五米。

直尺操作使用最为简单。以测量项链的长度为例,首先将待测项链的顶端与直尺的零刻度对齐,拉直项链后观察项链尾端的读数并做好记录。直尺的读数分为两个部分,以最小刻度

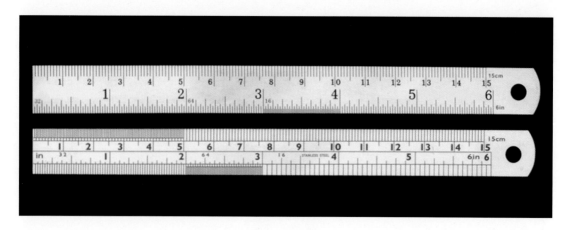

图5-1　直尺

1mm 为例,读数为 14.35mm 的数据中前面的 14.3 为准确值,即测量值,后面的 0.05 为估读值,仅供参考。

二、卡尺

卡尺也是珠宝行业常用的测量工具之一,它可以用来测量长度、内外径、深度。卡尺具有测量精确度高的特点,一般可以精确到 0.01mm,是需要精密测量首饰时常使用的工具。常用的卡尺有游标卡尺和数显卡尺两种。

游标卡尺由主尺和附在主尺上能滑动的游标两部分构成。主尺一般以毫米为单位,而游标上则有 10、20 或 50 个分格,根据分格的不同,游标卡尺可分为 10 分度游标卡尺、20 分度游标卡尺、50 分度游标卡尺,游标为 10 分度的有 9mm,20 分度的有 19mm,50 分度的有 49mm。游标卡尺的主尺和游标上有两副活动量爪,分别是内测量爪和外测量爪,内测量爪通常用来测量内径,外测量爪通常用来测量长度和外径。游标卡尺的结构图如图 5-2 所示。

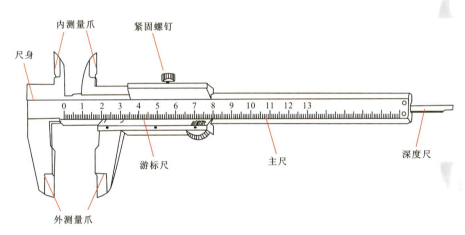

图 5-2 游标卡尺结构图

如图 5-3 所示,测量珠宝的外径时使用图 5-3(左)所示的红圈部分钳住珠宝读数;测量珠宝或者首饰的内径时使用图 5-3(中)所示的红圈部分在物品内径部分,两端张开,撑住物品,得出测量数据;测量珠宝或者首饰的深度时使用图 5-3(右)所示的红圈部分探入待测物品后,固定标尺,得出测量数据。

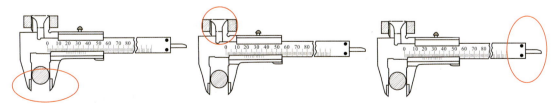

图 5-3 游标卡尺测量外径(左)、内径(中)、深度(右)

游标卡尺的原理：游标卡尺按其读数值的不同，可分为 0.1mm，0.05mm 和 0.02mm 三种（图 5-4），这三种游标卡尺的尺身刻度是相同的，即每格 1mm，每大格 10mm，只是游标与尺身相对应的刻线宽度不同。读数值为 0.1mm 游标卡尺的读数原理是：尺身每小格为 1mm，当两测量爪合并时，尺身上 9mm 刚好等于游标上 10 格，则游标每格刻线宽度为 9mm÷10＝0.9mm。尺身与游标每格相差为 1mm－0.9mm＝0.1mm。这种刻线方法的优点是线条清晰，容易看准。数值 0.1mm 即为 0.1mm 游标卡尺的读数值（测量时的读数精度）。

读数值为 0.05mm 游标卡尺的读数原理：尺身每小格 1mm，当两测量爪合并时，尺身上 19mm 刻线的宽度与游标 20 格的宽度相等，则游标每格刻线宽为 19mm÷20＝0.95mm，尺身与游标每格相差为 1mm－0.95mm＝0.05mm。

读数值为 0.02mm 游标卡尺的读数原理：尺身每小格 1mm，当两测量爪合并时，尺身上 49mm 刻线的宽度与游标 50 格的宽度相等，则游标每格刻线宽为 49mm÷50＝0.98mm，尺身与游标每格相差为 1mm－0.98mm＝0.02mm。

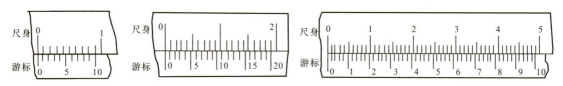

图 5-4　游标规格 0.1mm（左）、0.05mm（中）、0.02mm（右）

图 5-5 所示为 0.1mm 规格的游标卡尺，第一步找到游标上 0 刻度对应的主尺刻度，图示主尺刻度为 5mm；第二步找到游标与主尺刻度重合的刻度，注意在对游标卡尺进行读数时游标只有一条刻度会与主尺的刻度对齐；第三步数游标上对应的刻度，从 0 到此刻度一共有几个格子，用格子数乘以该规格游标卡尺的精度，如图 5-5 所示为第 6 个格子与主刻度尺的刻度相对，即精度 0.1mm×6＝0.6mm，因此此次读数应该为 5.6mm。0.05mm 精度及 0.02mm 精度的游标卡尺读数原理相同。

注意，由于游标卡尺常为钢材料，摩氏硬度为 5～5.5，在测量硬度小于 5～5.5 的宝石或者首饰时为了避免磨花宝石，需使用低硬度材料制作的游标卡尺，如塑料材质的游标卡尺。

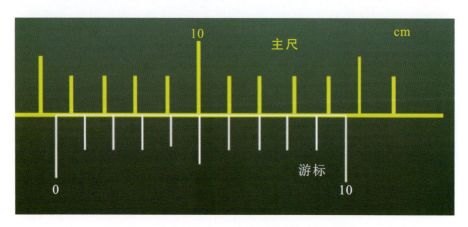

图 5-5　精度为 0.1mm 规格的游标卡尺的读数

由于游标卡尺的原理及读数较为复杂,而且不够直观,在珠宝行业常常使用数显卡尺来测量宝石或者首饰,常见的有塑料材质或者铜质的简易卡尺,如图5-6所示。

图5-6 塑料材质的数显卡尺(左)、铜质简易卡尺(右)

三、手寸棒、手寸圈

手寸是珠宝首饰行业的专业用语,是指戒指尺寸的大小,以戒指的内圈直径和内圈周长为依据来划分不同的戒指号码,方便生产和佩戴。手寸取决于所佩戴手指根部的粗细,因此,可以简单理解为"手指的尺寸",决定了所要佩戴戒指的号码,两者吻合,佩戴起来是最合适、最舒服的。

手寸以毫米为单位,以号码的方式来表示。按国际标准ISO 8653:1986(中国区)规定,最小手寸周长为39.1mm、直径12.5mm,设定为1号;最大手寸周长为69.7mm、直径22.2mm,设定为27号,共27个号码。其中,1~5号属于儿童手寸,成人手寸在6~27号之间。成年女性以12号最为常见,成年男性以18号最为常见,这两个号码前后3个号,是最为普遍的手寸号码。

手寸号码是以戒指内圈的周长和直径为依据来划分的,周长与直径换算公式是:

$$D = C/\pi 。$$

式中:D——圆直径,单位是mm;

C——圆周长,单位是mm;

π——圆周率。

图5-7表示了不同戒指号所对应的直径及周长。

指圈	6	7	8	9	10	11	12	13	14	15	16	17	18	19	20	21	22	23	24	戒指号码对照表 (单位:mm)
直径	14.1	14.4	14.8	15.1	15.4	15.8	16.1	16.5	16.9	17.2	17.6	17.9	18.3	18.6	19	19.2	19.5	19.8	20.2	
周长	45	47	47.5	48	50.5	52	53	53.5	55.5	56.5	57	57.5	58	59	61	62	63.5	64	66	

图5-7 不同手寸号对应的直径及周长

珠宝行业常用来测量戒指圈号的工具就是手寸棒和手寸圈,如图5-8所示。珠宝常用的手寸圈从1~27号每个圈号都有一个铁圈,客户在确定自己的指圈时只需从小号依次试戴手寸圈找到合适自己的圈,该圈所对应的号就为合适的指圈号。注意在试戴时常有客户觉得某一圈有点紧,下一圈有点松,例如试戴10号紧而11号松,这种情况下客户的实际圈号应为10.5号。

图5-8 手寸棒(左)、手寸圈(右)

手寸棒是锥形的铁质或者铜质的用来测量戒指圈号的工具。在手寸棒上,从锥形的最小端到最大端标有数字,该数字代表该位置的手寸棒的横截面圆所对应的手寸大小。手寸棒的测量方法是将戒指套在手寸棒上,戒指最靠下的位置所对应的号码即为该戒指的尺寸。

四、测厚仪

测厚仪(thickness gauge)是用来测量材料及物体厚度的仪表。珠宝行业的测厚仪一般用来测量珠子的直径,如珍珠。珠宝行业常使用简单的机械接触式测厚仪(图5-9)。

测厚仪的结构很简单,仪体由一个表盘及金属直壁组成,表盘的大刻度一般为厘米,小刻度为毫米,从上往下按压金属直壁至上下贴合时,表盘的指针指向0刻度,此时的厚度为0,将珍珠或者圆珠放在金属直壁测试头的中间,按压金属直壁直到与珍珠贴合,此时读取表盘的读数即为该珍珠或者圆珠的直径。注意在测量直径时需要做到从三个不同的方向多次测量,记录下该圆珠的最大直径及最小直径。

图5-9 机械接触式测厚仪

第二节 常用衡器

一、便携式珠宝称

便携式珠宝称(图5-10)是珠宝从业者常用的称重仪器,具有体积小、方便携带的优点,但是便携式珠宝称的测量精度一般只能精确到0.01g,对于普通的质量测量比较实用,但是对于更精确的测量要求必须使用电子天平。便携式珠宝称的操作非常简单,操作按钮一般为开关机键、清零键、复位键等,有些便携式珠宝称还具有转换称量单位的功能,如可以从单位 g 转换成单位 ct。便携式珠宝称常配备可拆卸的盖子,盖子一般可作为小的托盘使用,还配备校准砝码。

图 5-10 便携式珠宝称

二、电子天平

人们把用电磁力称量物体质量的天平称之为电子天平(图 5-11)。其特点是称量准确可靠、显示快速清晰并且具有自动检测系统、简便的自动校准装置以及超载保护装置等。电子天平是珠宝行业用来衡量宝石或者贵金属质量的常用工具。

电子天平的选择要看天平的量程是否满足秤量要求,一般取常用最大载荷加上 20% 左右保险系数即可。量程并不是越大越好,因为同样精度的天平,量程越大,对天平传感器和辅助设备的要求越高,且价格也越贵。珠宝行业的电子天平常常选用精确到 0.001g 的电子天平或者精确到 0.0001g 的分析电子天平。

图 5-11 电子天平

(一)操作程序

(1)调水平。调整地脚螺栓高度,使水平仪内空气气泡位于圆环中央。

(2)开机。接通电源,按开关键直至全屏自检。

(3)预热。天平在初次接通电源或长时间断电之后,至少需要预热 30min。为取得理想的测量结果,天平应保持在待机状态。

(4)校正。首次使用天平必须进行校正,按校正键 CAL,BS 系列电子天平将显示所需校正砝码质量,放上砝码自动进行内部校准,直至出现 g,校正结束。

(5)称量。使用除皮键 Tare,除皮清零;放置样品进行称量。

(6)关机。天平应一直保持通电状态(24h),不使用时将开关键关至待机状态,使天平保持保温状态,可延长天平使用寿命。

(二)电子天平使用注意事项

(1)将天平置于稳定的工作台上,避免振动、气流及阳光照射。

(2)在使用前,调整水平仪气泡至中间位置,否则读数不准。

(3)使用电子天平时,称量物品之重心,需位于秤盘中心点;称量物品时应遵循逐次添加原则,轻拿轻放,避免对传感器造成冲击;且称量物不可超出称量范围,以免损坏天平。

(4)称量易挥发或具有腐蚀性的物品时,要盛放在密闭的容器中,以免腐蚀和损坏电子天平。另外,若有液体滴于称盘上,立即用吸水纸轻轻吸干,不可用抹布等粗糙物擦拭。

(5)每次使用完天平后,应对天平内部、外部周围区域进行清理,不可把待称量物品长时间放置于天平周围,影响后续使用。

(6)仪器管理人经常对电子天平进行校准,一般应 3 个月校一次,保证它处于最佳状态。使天平内干燥剂保持蓝色状态,及时更换。

(7)为正确使用天平,请熟悉天平的几种状态。显示器右上角显示 0:表示显示器处于关断状态;显示器左下角显示 0:表示仪器处于待机状态,可进行称量;显示器左上角出现菱形标志:表示仪器的微处理器正在执行某个功能,此时不接受其他任务。

(8)天平在安装时已经过严格校准,故不可轻易移动天平,否则校准工作需重新进行。

(三)电子天平使用环境要求

电子天平使用方便,多数电子天平都有校准功能,所以对环境要求不是非常苛刻,满足以下条件即可:

(1)工作室内温度应恒定,以 20℃左右为佳,并尽量避免阳光直射到天平。

(2)工作室内湿度应在 45%~75% 内为佳。

(3)天平周围无影响天平性能的振动和气流存在。

(4)天平应当远离热源和磁场。

(5)工作台要牢固水平。

(6)工作室内应清洁干净,无腐蚀气体影响。

第三节 其他相关知识

一、国际单位

(一)克

克的英文是 gramme,国际符号为 g,是国际单位制中度量质量的单位之一。克是日常生活中常使用的基本单位之一。国际单位制中表征质量的基本单位是千克,1kg 的重量略等于 1L 水的重量,即两瓶普通 500mL 的矿泉水拿在手里的感觉就是 1kg 的重量。克是千克的千分之一,由于珠宝的稀有性,自然界产出的珠宝及颗粒都较小,质量也较小,贵金属价值较高,要求在交易时精确衡量质量,因此珠宝工作者选用克为质量计量单位,而不选择千克。质量的国际单位从大到小为:千克(kg)、克(g)、毫克(mg)等。

克与其他国际单位的换算如下:

$1kg = 1000g = 1\,000\,000mg$

$1g = 0.001kg = 10^{-3}kg = 1000mg = 10^3 mg$

(二)毫米

毫米的英文是 millimeter,国际符号是 mm,又称为公厘,是国际单位中度量长度的单位之一。毫米在日常生活中使用不多,但是在珠宝行业常常使用毫米来度量珠宝或者首饰,例如珍珠的直径是 10mm,1ct 钻石的直径是 6.4mm,红宝石的尺寸是 4mm×7mm,钻戒的戒壁宽度做成 2.5mm 等。国际单位中用来衡量长度的单位除了毫米还有千米、米、微米、纳米等,它们从大到小排列为:千米(km)、米(m)、毫米(mm)、微米(μm)、纳米(nm)。从千米到纳米,上一个单位正好为下一个单位的 1000 倍。

毫米与其他国际单位的换算如下:

$1km = 10^3 m = 10^6 mm = 10^9 \mu m = 10^{12} nm$

$1mm = 0.000\,001km = 10^{-6}km = 0.001m = 10^{-3}m = 1000\mu m = 10^3 \mu m = 1\,000\,000nm = 10^6 nm$

二、珠宝常用非法定计量单位

(一)克拉

克拉是宝石的质量单位,克拉的英文是 carat,符号是 ct,从 1907 年国际商定为宝石计量单位开始沿用至今。克拉一词源于希腊语中的克拉(keratin),指长角豆树,是一种从东亚洲广泛普及到中东的植物。由于其果子被称为具有近乎一致的质量,因而早期长角豆树被用作珠宝和贵金属的质量单位,1ct 即等于一粒小角豆树种子的质量。克拉是宝石中最重要的质量单位,也是最常用的单位,在国际证书中以及国内的检测证书中几乎都以克拉为质量单位。

克拉跟国际质量单位之间的换算如下:

$1ct = 0.2g = 200mg = 100point$

$1g = 5ct$

(二)英寸

英寸的英文是 inch,符号是 in,英寸也是珠宝行业中常使用的长度单位,在荷兰语中本意是大拇指,1in 就是一截大拇指的长度。14 世纪时,英皇爱德华二世颁布了"标准合法英寸"。其规定为:从大麦穗中间选择三颗最大的麦粒并依此排成一行的长度就是 1in。英寸常常用来度量项链的长度,如锁骨链的长度是 16in,而普通链的长度是 18in。在英制里,12in 为 1 英尺,

36in 为 1 码。

英寸与国际长度单位之间的换算如下：

1in＝2.54cm＝25.4mm

(三)格令

格令的英文是 grain，符号是 gr。格令是历史上使用过的一种质量单位，最初在英格兰定义一颗大麦粒的质量为 1gr。现在欧美国家还常常使用格令来衡量珍珠的质量。格令是宝石学中常常用来衡量钻石、珍珠或者贵金属质量的单位。

珍珠格令与国际质量单位之间的换算如下：

1gr＝64.8mg＝0.064 8g

(四)金衡盎司

金衡盎司是质量单位，金衡盎司的英文是 ounce，符号是 oz。金衡盎司是国际上通用的黄金计量单位，1 金衡盎司相当于我国旧度量(16 两为一斤)的 1 两。在欧美黄金市场上交易的黄金，使用的黄金交易计量单位是金衡盎司，它与欧美日常使用的度量单位常衡盎司是有区别的。金衡盎司是专用于黄金等贵金属商品交易的计量单位。

金衡盎司与国际常用度量单位之间的换算如下：

1oz＝31.1g

三、不同地区指圈标准

合适的戒指尺寸让佩戴更加舒服，不同地区的指圈标准不尽相同，在制作戒指时，不仅需要知道指圈号还得知道指圈号对应的地区标准。每个国家或地区同一尺号大小都不同，就像鞋码一样，不同地区的鞋码具有不同的含义。指圈号一般有港号、美号等，国内常用的指圈号一般是港号。不同地区对应的指圈号、对应的周长以及直径见表 5-1。

表 5-1　不同地区戒指号对照表

美国	英国	日本	德国	法国	瑞士	中国	周长/mm	直径/mm
5	J1/2	9	15.75	49	9	9	49.3	15.7
6	L1/2	12	16.5	51.5	11.5	12	51.8	16.5
7	O	14	17.25	54	14	14	54.4	17.3
8	Q	16	18	56.5	16.5	16	56.9	18.1
9	S	18	19	59	19	18	59.5	18.9
10	T1/2	20	20	61.5	21.5	20	62.1	19.8
11	V1/2	23	20.75	64	24	23	64.6	20.6
12	Y	25	21.25	66.5	27.5	25	67.2	21.4

课后练习题

一、名词解释

1. 量具
2. 游标卡尺
3. 手寸
4. 电子天平
5. 克
6. 珍珠格令
7. 克拉
8. 英寸

二、填空题

1. 在首饰制作中常常需要用到各种量具来测量首饰以及宝石的（长、宽、高、厚、直径等）_____，因此理解及熟练地使用量具是一个合格的首饰制作人员需要具备的基本知识。
2. 直尺是珠宝行业中最常见的测量长度的量具，常常用来测量一些长度较大的首饰，直尺可由多种材料制成，常见的有_____、_____、_____等。
3. 卡尺也是珠宝行业常用的测量工具之一，它可以用来测量_____、_____、_____。
4. 卡尺具有测量精确度高的特点，是精密测量首饰时常使用的工具，常用的卡尺有_____和数显卡尺两种。
5. 游标卡尺的主尺和游标上有两副活动量爪，分别是内测量爪和外测量爪，内测量爪通常用来测量_____，外测量爪通常用来测量_____和_____。
6. 手寸是珠宝首饰行业的专业用语，是指戒指_____，以戒指的内圈直径和内圈周长为依据来划分不同的戒指号码，方便生产和佩戴。
7. 测厚仪（thickness gauge）是用来测量材料及物体_____的仪表。珠宝行业的测厚仪一般是用来测量珠子的直径，如珍珠。珠宝行业常使用简单的测厚仪。
8. 便携式珠宝称是珠宝从业者常用的称重仪器，其具有_____、_____的优点。
9. 人们把用电磁力称量物体质量的天平称之为电子天平，珠宝行业的电子天平常常选用精确到 0.001g 的电子天平或者精确到_____的分析电子天平。
10. 格令是历史上使用过的一种质量单位，最初在英格兰定义一颗大麦粒的质量为 1gr。现在欧美国家还常常使用格令来衡量_____的质量。

三、选择题

1. 在珠宝行业常见的量具有哪些？（　　）
   A. 直尺、游标卡尺　　B. 千分尺　　C. 手寸棒、手寸圈　　D. 以上全部

2. 游标卡尺由主尺和附在主尺上能滑动的游标两部分构成。主尺一般以毫米为单位,而游标上则有不同数量的分格,以下哪个不是常见的游标分格数?(   )

A. 10　　　B. 20　　　C. 30　　　D. 50

3. 关于游标卡尺游标的长度以下说法中错误的是哪个?(   )

A. 游标分为 50 格的真正长度是 50mm　　　B. 游标分为 20 格的真正长度是 19mm

C. 游标分为 10 格的真正长度是 9mm　　　D. 游标分为 50 格的真正长度是 49mm

4. 如图所示,该游标卡尺现在的正确读数是哪个?(   )

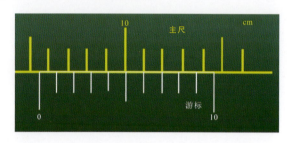

A. 0.6mm　　　B. 5.6mm　　　C. 5.5mm　　　D. 5.7mm

5. 以下关于手寸的说法,不正确的是哪个?(   )

A. 手寸以毫米为单位,以号码的方式来表示

B. 最小手寸为周长 39.1mm、直径 12.5mm,设定为 1 号

C. 最大手寸周长 69.7mm、直径 22.2mm,设定为 27 号

D. 其中 1~5 号属于女性手寸

第六章　贵金属首饰和摆件设计基础知识

第一节　设计的原则

设计一词源于英语"design"，意思是通过符号把计划表达出来。设计是一种构思（设想）与计划，以及把这种构思与计划通过一定的手段使之视觉化的形象创作过程。首饰设计就是要不断地分析创作出更能适应消费者心理需求的新型首饰款式。广义的首饰定义中包含了首饰和摆件。首饰设计实际上同属造型范畴，它是一个收集、整理、分析、创新的过程，深受设计者个人天赋的影响，具有很大的主观个性倾向，因而不同的设计师就有不同的设计风格。首饰设计的实质是个人阅历、对生活环境的理解与感受、内心世界的丰富程度、感情的细腻与粗犷、文化修养、思维的敏锐度以及对社会发展洞察力等的综合体现。因此，一个好的设计师并非一年半载就能造就的，有的甚至需要一辈子的修炼。虽说从事首饰设计比较困难，但若是掌握了它的一般规律，再加上不断地努力学习，想成为一名优秀的设计师也不是很难的。下面，从形式美学原理的角度谈谈首饰的设计原则。

一、贵金属首饰的设计原则

（一）重复

在同一设计中使用完全相同的视元素或关系元素的方法叫作重复。重复的形象可使人在视觉上产生反复的深刻印象，也会有单纯的统一美感，在人们观察事物的过程中，重复形象会扩大观察视野，引起人们的视觉注意，形成视觉中心，因此也往往会成为表现的重点。从美学角度来说，重复的造型能表现一种有秩序的视觉形象。这些相同的形象所产生的相互呼应作用，在客观效果上使人感受到一种和谐的气氛。在首饰设计中，将两个或多个基本形象反复排列构成是最常见的一个原则，广泛应用在各种款式的设计中，如项链、手镯的设计等，如图6-1所示。

（二）近似

有的形象是彼此相似而不完全一样的。在设计中，两个形象属同一种类，则称为近似。同中有异或异中有同的形象都可以称为近似的形象。近似是相比较而言的，所以在使用近似时要注意近似的程度是否适当。通常设计各种近似形时，往往用同一基本形求出各种基本形，即

图 6-1 重复

把一基本形的形状稍作左右、上下变动,都可以得出几个近似基本形。利用两个形象的相加或相减,也可以构成一定数量的近似基本形。在相加或相减中,两个形象的形状、大小都可以进行各种变动,得到近似效果。此外,还可以利用不同的方向或位置变动,求得不同的组合。在首饰设计中将某一基本形按形似规律进行变化,这是变化款式常用的方法,如图 6-2 所示。

(三)渐变

与近似比较,渐变是一种有规律的变化,是一系列重复形状的物体在与视觉距离不同的环境下产生大小的变化。渐变的含义非常广泛,除形象的渐变外,还有排列秩序的渐变。变从形象上讲,有形状、大小、色彩、肌理方面的渐变;从排列上讲,有位置、方向、骨骼、单位等的渐变。形状的渐变可由某一形状开始,逐渐转变为另一形状,或由某一形象渐变为另一完全不同的形象。首饰设计中的渐变,主要运用的是基本形的渐变,如图 6-3 所示。

图 6-2 近似

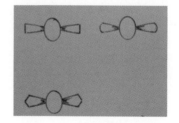

图 6-3 渐变

(四)对称

对称是同形同量的组合,是指在一假设中心线(中心点)的左右或上下,图案的各构成因素呈同形同量的配置。对称体现着统一的原理。其结构富于静感,具有严谨的规律性,呈现出庄重、稳定、整齐的美感,但是处理不当则会导致单调、呆板。对称是首饰设计最常用的原则之一,可以应用到任何款式的设计中。对称又可以细分为以下几种。

1. 轴对称

轴对称是指首饰的某一部分绕一条直线旋转 180° 而与另一部分重叠,如图 6-4 所示。

2. 中心对称

中心对称是指一基本形绕一点旋转一周而能重叠若干次的对称,有以下 6 种形式:

(1)二次对称。基本形旋转一周有两次重叠,如图 6-5 所示。

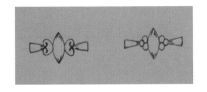
图6-4 轴对称

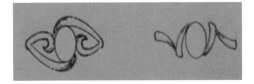
图6-5 二次对称

(2)三次对称。基本形旋转一周有三次重叠,如图6-6所示。
(3)四次对称。基本形旋转一周有四次重叠,如图6-7所示。

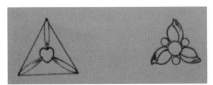

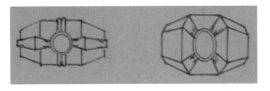

图6-6 三次对称　　　　　　　　　图6-7 四次对称

(4)五次对称。基本形旋转一周有五次重叠,如图6-8所示。
(5)六次对称。基本形旋转一周有六次重叠,如图6-9所示。
(6)八次对称。基本形旋转一周有八次重叠,如图6-10所示。

 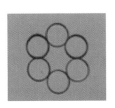 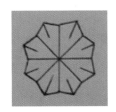

图6-8 五次对称　　　图6-9 六次对称　　　图6-10 八次对称

(五)均衡

均衡是异形同量的组合,是指一假设中轴线两侧的形状不相同,但视觉重量相等或相当,重心平衡。均衡体现着变化的原理,其结构富于动感,具有生动活泼的特征,呈现变化丰富的动态美。均衡也是首饰设计广泛使用的原则,如链坠、耳坠等,如图6-11所示。

(六)对比

对比是指在质或量方面互相差异的两个要素同时配到一起时,两者的反差更加明显,令人感到强烈的对照现象。对比是变化的一种形式,一切矛盾的因素或相同因素少的物象,都可以呈现出对比,如大小、方圆是形的对比,明暗、冷暖是色的对比,粗糙与光滑、轻薄与厚重是质的对比,动与静、刚与柔、严肃与活泼是感觉的对比等。对比强调差异,无论是相同因素的差异或是不同因素的差异,在对比中互相衬托,彼此作用,都可以取得清晰、醒目、强烈、突出的效果,呈现生动活泼的美感。在首饰设计中灵活运用各种对比，可以产生很好的效果，如图6-12所示。

（七）调和

调和是指构成美的对象在部分之间不是分离和排斥的，而是统一、和谐的，被赋予了秩序，即各种图案的相同或相似而产生的一致性，在首饰上表现在颜色和形状上。调和强调近似，具有谐调含蓄、令人安定的特点，呈现出平静和谐的美感。调和是统一的体现，但如果两种以上要素完全一样时，与其说不失为调和，毋宁说是单调。良好的调和一般都在于要素的相互间具有一种共同性，同时也有部分差异。首饰的套装设计就是该原理的典型运用，如图6-13所示。

（八）节奏

节奏原是音乐术语，是指图案构成的诸因素有秩序、有条理地反复出现时，人们的视线随之在时间上所作的有秩序的运动。形的大小、线的曲直、色的冷暖、数的多少、位置的聚散、空间的虚实等诸对比因素在有条理的反复中，因不同的配置、组合，都会给人以不同的节奏感。音乐与工艺品在形式上虽然不一样，但它们遵循的节奏规律是一致的，没有节奏就不是音乐，没有节奏就不是好的艺术作品，因此，节奏的运用是一个好的设计师追求的目标，如图6-14所示。

图6-11 均衡　　图6-12 对比　　图6-13 调和　　图6-14 节奏

（九）韵律

韵律是指图案构成的诸因素在条理与反复所产生的节奏中，表现得像诗歌一样抑扬顿挫的优美曲调和趋势。形状或方或圆，色彩或浓或淡，质地或刚或柔等，在渐变、起伏、反复交错的组织中，都会呈现出不同的韵律感。韵律也是在条理与反复中体现的。涟漪由小渐大的扩展，柳枝一反一复的摆动，正是在既有条理又有规律的变化反复中呈现出形式的一致性，给人以韵律美。无反复则无所谓"韵"，无条理则无所谓"律"。在条理与反复中，单纯的形式、统一的色彩、和谐的情调能构成富于感染力的韵律。

（十）比例

比例是指事物的局部与整体之间、局部与局部之间的相对关系。比例关系成为某种格调时，即成为一种美的条件。比例一般多用在长度上，如黄金分割比（1∶0.618）。一件设计作品的内容需要有好的比例。比例是决定设计作品的大小以及其各单位间的相互关系的重要因素。在男式戒指设计中尤其要讲究戒面的比例关系，如图6-15所示。

图 6-15 节奏

二、摆件的设计原则

贵金属摆件的形式多种多样,有传统的宫廷花丝摆件和平填花丝摆件,有现代的电铸工艺摆件等,涉及的内容也较宽泛,包括佛教形象、传统人物、吉祥图案、名胜古迹、花鸟、名人字画、日用器具及各种动物形象等。严格来讲,现在的摆件应属于工艺品范畴,而不是纯艺术品,它带有商业性同时又具有观赏性。从这两个方面来考虑,摆件的设计有以下原则。

(一)尊重原作,力求形象准确

在摆件的设计中,有的是仿制一些名胜古迹或名人字画。既然是仿制,就要力求逼真。在设计这类产品时,应先对所参考的资料即模仿的对象进行细致研究,然后根据制作工艺的需要作适当的取舍,一般情况下不要对参照对象随意改动。

(二)遵循历史文化

中国的历史文化源远流长,各个朝代有不同的特点,不同的民族有不一样的习俗。设计者在设计这类题材的摆件时,要对相关的历史文化有一个清楚的了解,这要靠日常生活中的不断学习和积累。只有掌握了丰富的传统习俗和历史文化知识,才不会在设计中出错。比如设计一个具有清代特点的仿古摆件,搭配的却是唐朝的图案;或是观音菩萨的手中拿着个酒葫芦,岂不是贻笑大方。所以说在设计具有时代特点和带民族特色的摆件时,一定要遵循历史文化及传统习俗。

(三)构图均衡,比例协调

这是从审美的角度来要求的。一件摆件的设计图,本身就是独立存在的绘画作品,同绘画一样,也要做到构图的均衡性,同时它又是产品设计,要以这个平面图为依据制作出具有三维空间的实体,所以一定要考虑到整个布局的合理性。工艺摆件一般都配有底座。底座做得过大,会有喧宾夺主之嫌,过小则会产生头重脚轻之感。因此,两者之间的比例要做到协调一致,如图 6-16 所示。

(四)夸张有度

夸张是摆件设计中的一种手法,主要运用于一些卡通动物形象的设计之中。运用适当,会产生幽默诙谐、生动有趣的效果。夸张过度,看起来则不美观,甚至会令人哭笑不得,这就失去了夸张的意义。所以要认真研究夸张的技巧,运用得恰到好处,如图 6-17 所示。

图 6-16　比例协调　　　　图 6-17　夸张有度

(五)经济、实用、美观

前面提到摆件属于工艺品,带有商业性,其设计图最终必须通过物质产品来体现实用与审美价值。因此,经济作为设计的原则之一主要是价值功能的体现。它包括生产、成本、维修、人力、物力、财力以及时间的综合效应。摆件的设计要有利于产品的批量生产,提高工效,适应物质材料和生产工艺条件,使物质的属性得到充分发挥,技术特点得到充分运用,这样才能使产品的经济价值最大化。经济一般指便宜、实惠即所谓价廉物美。但是产品有高、低档之分,经济的概念也有相对性,不能用"便宜就是经济"这种单纯的尺度来衡量。只要产品材质的实用性及审美功能与产品的价值相符,即应视为符合经济要求。实用作为摆件设计原则的一个方面,主要是针对满足人们的消费需求这一基本性质而提出的。人们对实用的要求是多种多样的。不同的时代、不同的地域、不同的年龄、不同的职业以及不同的文化修养等,都会表现出不同的要求。因此摆件的设计,不仅要以众多的产品以及各种产品的众多形式来满足人们的要求,而且必须在视觉、心理、生理、人体工程学等方面来充分体现合理性,包括给人以美感的视觉功能、有利于人们健康的生理功能,以及方便人们使用的物质功能。因此在摆件设计中,也要确定以人为本的设计观念,充分满足人们的各种要求。正如工艺美术如果离开了实用则成为纯粹的鉴赏性艺术一样,如果摆件的设计离开了美观,则与艺术失去了联系。作为摆件设计原则的内容之一,美观是审美功能的体现。摆件设计的美同实用相结合,服务于实用的美,它受到实用目的、物质材料和生产工艺条件的限制。但是,正如美术是没有声音的空间艺术,音乐是没有可视形象的时间艺术一样,正因为有一种不可逾越的局限,摆件设计才形成了自己独特的个性和风格,成为独特的艺术。以上几点作为摆件设计的原则是一个完整的统一体,如果片面地强调一个方面而削弱或放弃另一个方面,其本身也会被削弱或失去存在的意义。因此,只有全面完整地理解和掌握摆件设计的原则,才能正确地指导设计实践。

第二节　专业绘图基础

构成设计原理是首饰设计的重要基础知识,学会灵活运用各种构成原理进行首饰设计,是每一个首饰设计者必备的素质。

构成图形设计可以概括分为平面构成、立体构成、色彩构成三个方面。在构成图形设计的过程中,先要通过精密计算,分割成各种有规律和无规律的网格,然后再在复杂的网格结构中安置所有画面成分,以获得高度的视觉平衡和无限的设计可能性,并创造出视觉上高度清晰的设计风格,进而探索图形的审美实质和视觉特征,追求全部设计要素统一的动态平衡效果,强调通过各种对比因素之间的视觉调整而产生一种活力。这些因素包括明暗、曲线和直线、正形和负形、形体和空间、垂直和水平、静和动、彩色和单色等关系,构成严谨的整体。

在运用构成图形设计的原理时,要依据产品的属性和特点,用点、线、面、空间及简单的造型(圆形、正方形、三角形等几何图形)来反映现实生活中存在的构成规律,并构成十分丰富的画面。主要以各种形体对比、交错、重叠、相加、相减、递增、递减、复杂的排列等手法,组成特殊的艺术形态,表现出某些抽象的概念,从而引起消费者的心理反应和联想。以下着重介绍对首饰设计起重要作用的几种构成原理。

一、点、线、面的构成

(一)点

平面设计中的点不仅有其位置,且相对地具有面的属性。点一般为圆形,但也可以是方形、三角形或其他不规则的简单形状。作为视觉元素的点与面的区分,并不依赖于量度,而依赖于比较。但点的基本特征是细小,给人以小巧玲珑之感。在同一平面上,点的不同形态及其组合,能给人以多种不同的视觉心理感受。

单独的点具有求心性和强烈的注目性;两个大小相同并相隔一定距离的点,给人以张力感、终止感;当视线反复于两点之间时,给人以线的感觉;在两个大小不同并相隔一定距离的点中,人们的视线首先集中于大点,然后移向并集中于小点。点越小,凝聚力越强。在三个以上并相隔一定距离的点中,人们的视线会来回于各点之间,而产生"面"的感觉。点的个数越多,点与点之间的距离越短,"面"的感觉越强。依线排列的点,给人以"线"的感觉;依据一定的规律,做大小或分组重复排列的点,给人以节奏感;依大小序列做渐变排列的点,给人以韵律感;依点的大小、间隔的疏密做渐变排列的点,给人以方向感和空间感,如图6-18所示。

(二)线

线是点的移动轨迹。图案中的线不仅有长短,而且有粗细。因此,线也具有面的属性。空间的方向性和长度构成线的主要特征。线的运动构成了线的多种形态,如长线、短线、粗线、细线、直线、曲线等。不同的线给人以不同的感受,富有极强的心理效果和丰富的表现力。长线具有持续性的动感;短线具有断续性、迟缓性的动感;粗线具有厚重感和迟缓感;细线具有轻松感和敏锐性;直线具有明确性、简洁性、锐利性,给人以紧迫感、速度感和力度感,富于男性性格的情感特征;水平线给人以稳定、庄重、静止、平和的意味。当水平线两端无限延长时,给人的感觉是广阔、深远、无垠。垂直线给人以崇敬、高尚、庄重的意味。斜线是介于垂直线与水平线之间的一种线的形态,具有方向性和强烈的动感特征。曲线具有丰满、优雅、柔软、和谐和律动的审美意味,富有女性性格的情感特征。几何曲线如圆、椭圆、抛物线等,具有节奏、比例、规整性与单纯的和谐感,富于现代感的审美意味。自由曲线如开方曲线、波形线、螺旋线等,其曲率不定,富于变化,是极富个性的曲线。在追求自然的节奏感和韵律感时,常运用自由曲线。线的排列可以表现出虚面的特性,线与线之间间距越短,虚面的特性越强。不同粗细、不同曲率、不同方向的线作交差排列,可以表现出变化丰富的虚面。不同粗细或不同疏密的直线(曲线)作有秩序的渐变排列,可以表现具有三次元空间的曲面,给人以强烈的节奏感与韵律感,如图6-19所示。

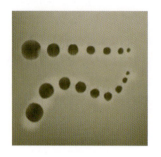
图6-18 点

图6-19 线

(三)面

二次元空间构成的形都可以称之为面。二次元空间是平面形的组织原则。不同形态的面是由点或线的密集及线的移动构成的。面的动态富有整体感的视觉特征。面和线一样,具有多形态属性。作为视觉元素的面,一般有以下形态:

(1)几何性的面,即由数学方式构成的面,如图6-20所示。
(2)有机性的面,即由自由曲线构成的面,如图6-21所示。
(3)直线性的面,即直线随意构成的面,如图6-22所示。

图6-20 几何性的面

图6-21 有机性的面

图6-22 直线性的面

(4)偶然性的面,即由特殊技法意外获得的面,如图6-23所示。
(5)不规则性的面,即由自由曲线随意构成的面,如图6-24所示。不同形态的面,最能表现出面的轮廓线所具有的心理特征,给人以不同的视觉感受。

正方形、等边三角形等几何直线性的面,具有安定、强固、简洁、秩序性的视觉特征。圆形、椭圆形等几何曲线性的面,具有柔软性、数理性、秩序性和明快、自由、整齐的审美意味。自由曲线构成的有机性面,给人以纯朴、有序和富于人情味的美感。

图 6-23 偶然性的面

图 6-24 不规则性的面

面的大小、虚实也给人以不同的视觉感受。面积大的面,给人以扩张感;面积小的面,给人以内聚感。实面给人以量感和力感,称为定型的面或积极的面;虚面,如由点或线密集构成的面,给人以轻而无量之感,被称为不定型的面或消极的面。

任何形态的面都可以通过分割或面与面的相接、联合等方法,构成新的不同形态的面,并给人以不同的感受。

以上所述的点、线、面,作为几何形图案的构成元素,既有自身的独立性,相互间又有着密切的联系。点的扩大即为面,面的缩小即为点;点的移动构成线,线的移动构成面。因此,在几何形图案的构成中,要善于利用点、线、面之间既相互独立又相互联系的特点,以丰富设计的表现。

二、几何形的组合构成

分解是一种创造,组合是一种再创造。当两个或两个以上的基本形组合在一起时,有各种不同的组合关系,并使形与形之间产生不同的变化而组合成不同的形。形与形之间的组合关系表现为八种形式,即分离、相接、覆叠、透叠、联合、减缺、差叠、重合。

(一)相同基本形的累积组合

相同基本形的累积组合是在几何基本形内运用对称的多种表现形式,以性质相同的几何基本形进行累积组合,在限定形的空间内求得变化以构成单独纹样。如在圆形内进行圆形累积组合,依据圆与圆之间的相交、内切、外切、圆内等组合关系和圆与圆之间的透叠、联合、减缺、差叠等组合形式,构成圆形几何单独纹样。相同基本形的累积组合,因累积组合形的性质相同,易于统一,富于安定与协调的美感,但处理不当则容易单调。要善于运用形与形之间的不同组合形式,以及线的疏密、形的大小等,以求得对比和变化,如图 6-25 所示。

(二)相异基本形的累积组合

相异基本形的累积组合是在几何基本形内运用对称的多种表现形式,以不同性质的几何基本形进行累积组合,在限定形的空间内求得变化以构成单独纹样。如在方形内以圆形、三角形进行累积组合,通过形与形的相接、覆叠、透叠、联合、减缺、差叠等组合形式,构成方形几何单独纹样。相异基本形的累积组合,因累积组合的性质不同,易于变化,具有丰富与生动的美感,但处理不当则容易因杂乱而失去统一。要善于在相异的累积组合形中处理好形的主次关系,以主形求统一,以次形求变化,在变化中求得纹样的和谐统一,如图 6-26 所示。

图 6-25　相同基本性的积累组合　　图 6-26　相异基本形的积累组合

(三) 基本形的群化组合

相同基本形的群化组合是将两个以上的多个基本形,依据对称形式法则,以重复的方法群化组合以构成单独纹样。

单位基本形与群化组合是两个重要环节。单位基本形的设计应符合下列要求:

(1) 要单纯,忌繁琐。使群化组合的纹样富于简洁、明快的形式美感。

(2) 要有明显的方向性特征。在群化组合中利用基本形方向的变化,使纹样在单纯中求丰富,在简洁中求变化。

(3) 基本形各边之间要有一定的数理关系,以有利于基本形在群化组合中的相互衔接,构成有机联系整体。

群化组合要依据形式法则,善于作群化组合形式的多样化与可能性的尝试,从中确定巧妙、新颖的组合以构成纹样,如图 6-27 所示。

(四) 几何基本形分解重构的组合

分解重构的组合是将几何基本形或几何多边形依据数理方法进行分割,再将分割后的形体按一定的方位进行不同的配置组合,从而构成不同的单独几何纹样。

分解与重构是分解重构组合的两个重要环节。分解是求取组合的单位基本形,要依据数理关系,在原形中求取相互关联、巧合、简洁、单纯的形体作为单位基本形。重构是纹样的构成。分解重构的组合具有一定的偶然性,因此要特别注意形式法则的运用和多种组合形式的探索,要注重纹样的组合变化和整体的形式美感,如图 6-28 所示。

 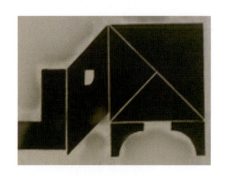

图 6-27　基本形的群化组合　　6-28　几何基本形分解重构的组合

三、发射构成

发射是渐变的一种特殊形式,是由有秩序性的方向变动而形成的。发射的前提是确定发射中心,即使有时中心有几个或是更多,或是移出画面之外等。中心是方向变化的根据,方向变化应有一定的规律,而中心的编排是规律的主要部分。

(一)发射骨骼与自然现象

许多植物的生长方式,如树木、花卉等常具有发射结构。所有发光体都具有发射骨骼,自然界的中心发射现象,只要留心观察,是很容易找到的。

(二)发射骨骼的种类

1. 离心式发射

离心式发射的骨骼线由发射中心向四周发射。骨骼线或直或曲,或呈弧线,或发射线不连接,以及中心迁移与多发射,如图 6-29 所示。

2. 向心式发射

向心式发射的骨骼线由各个方向朝中心迫近,其实它正是离心式发射的反转而已,如图 6-30 所示。

3. 同心式发射

同心式发射的骨骼线层层环绕中心。骨骼线可以是曲线、方形、螺旋形等,如图 6-31 所示。

图 6-29 离心式发射　　图 6-30 向心式发射　　图 6-31 同心式发射

四、渐变构成

渐变是具有规律的一种变化。一系列重复形状的物体,在视觉距离不同的环境下,即能产生大小的渐变。

渐变的含义非常广泛,除形象渐变外,还有排列秩序的渐变。渐变从形象上讲,有形状、大小、色彩、肌理方面的渐变;从排列上讲,有位置、方向、骨骼单位等的渐变。形状的渐变可由某一形象渐变为另一完全不同的形象。

渐变节奏的急缓可以任意确定,也可急缓交错展开。

(一)基本形的渐变

一切基本形的视觉元素均可渐变。

1. 方向渐变

方向渐变是指基本形具有方向性时,可作基本形排列的方向渐变,如图6-32所示。

2. 位置渐变

位置渐变在作用性骨骼中,按基本形在骨骼单位中的逾线部分,而使之发生位置渐变,如图6-33所示。

图6-32 方向渐变

图6-33 位置渐变

3. 大小渐变

大小渐变是指基本形在编排中具有由小至大或由大至小的渐变,如图6-34所示。

4. 色彩渐变

色彩渐变是指色彩由深至浅的渐变。

5. 形状渐变

形状渐变是以形的增减而得到渐变效果,也可以是由基本形的分裂或迁移而形成的各种渐变基本形,也可以指由一种形状渐变为另一种形状的移入渐变。将一种自然形象渐变为另一种自然形象,将会产生特殊的渐变效果,如图6-35所示。

图6-34 大小渐变

图6-35 形状渐变

(二)渐变骨骼

取得渐变骨骼的通常方式,就是逐渐地移动骨骼的垂直线和水平线的编排秩序及位置。

1. 单元渐变骨骼

单元渐变骨骼是指一组线仍为等距离,而另一组线产生渐变,如图6-36所示。

2. 双元渐变骨骼

双元渐变骨骼是指水平线和垂直线同时产生渐变,如图6-37所示。

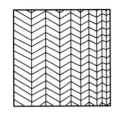

图 6-36　单元渐变骨骼　　　　6-37　双元渐变骨骼

3. 分条渐变骨骼

分条渐变骨骼是指每一骨骼单位分条的宽窄渐变。双元的分条渐变,更为精细繁杂,如图 6-38 所示。

4. 等级渐变骨骼

等级渐变骨骼是指水平线或垂直线产生宽窄的分条变动,每一行是分条的重复,形成台阶似的渐变效果,如图 6-39 所示。

5. 阴阳渐变骨骼

阴阳渐变骨骼是指将骨骼线的粗细扩大成面的感觉,无须再承纳基本形。双阴阳渐变,可加上线的方向变化,线、质变化或分条变化,如图 6-40 所示。

 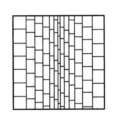 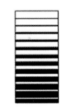

图 6-38　分条渐变骨骼　　图 6-39　等级渐变骨骼　　图 6-40　阴阳渐变骨骼

五、突变构成

突变亦称特异,它依赖于秩序而存在,必须具有大多数的秩序关系,才能衬托出少数或极小部分的特异。特异的目的在于突出焦点,打破单调重复的画面。

基本形的特异能消除画面的单调感。在使用特异时,特异的基本形只要有一项或两项视觉元素不合大体的规律,就会产生特异效果。

任何元素均可作特异处理,如形状特异、大小特异、肌理特异、位置特异、方向特异等。

1. 大小特异

大小特异是指规律与特异的基本形有大小的比例差,如图 6-41 所示。

2. 色彩特异

色彩特异是指用色彩加强特异效果,如图 6-42 所示。

3. 位置特异

位置特异是指把较明显的位置作为特异的基本形部分,如图6-43所示。在位置特异中也可以结合基本形的大小、形状、色彩的变异。

4. 形状特异

形状特异是指设计中出现两种基本形,一种是规律性的,另一种是特异的,如图6-44所示。

图6-41 大小特异

图6-42 色彩特异

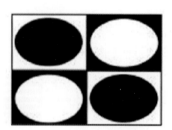
图6-43 位置特异

图6-44 形状特异

六、空间的构成

空间先于形象而存在,但形象决定空间的性质。形象未出现之前,空间就是一张白纸,形象出现之后便占有空间,形象之外的空白即是未占有的空间。在设计中,形象固然重要,但未占有的空间也很重要。两者之间的比例及关系的改变,会使设计产生不同的感觉。

(一)自然空间

自然空间是现实中的真实空间。在平面设计中即使其形象是抽象化的,但因形与形、形与空间的关系是合乎现实逻辑关系的,故亦可以表现出自然空间,如图6-45所示。

(二)暧昧空间

所谓暧昧空间,即是一种模棱两可的空间,属于非真实空间。一般暧昧空间中总有两个以上的点。由于视点的变动,形象的空间关系或凹或凸,就会交替发生变化。视此为凸,则彼便为凹,反之亦然,如图6-46所示。

(三)矛盾空间

矛盾空间不是模棱两可的,而是两者互不相让,形成极为强烈的空间冲突,这是矛盾空间不同于暧昧空间之处,如图6-47所示。

图6-45 自然空间　　　图6-46 暧昧空间　　　图6-47 矛盾空间

(四)平面性与幻觉性的空间

运用平面性的空间进行设计,则所有的形象应放置在画面上,与画面平行,各形象没有厚度,没有前后之分,也没有深度。当形象不与画面平行时,就产生了幻觉性的空间,在平面中产生了立体幻觉。这在首饰设计中运用得较为广泛。

七、分割构成

分割是一种创作活动。对任何形体的分割都可以创造出新的形体,但是新并不等于美。分割作为具有审美意义的活动,必须创造出具有鲜明个性和形式美感的形体,并使之成为完整的、能独立存在的装饰纹样。

(一)外形变化

以分割求几何基本形的外形变化,属于有限形的外形分割。此外形变化的特点:一是以几何基本形作为分割的原形,二是分割后的形要相对保持原形的基本特征。它是依据对称形式法则,通过对几何基本形的方、圆、曲、直的外形分割,求得具有精确美、秩序美、和谐美的外形变化。

(二)骨架构成

骨架或称骨骼,是纹样组织的重要形式。以分割求骨架,是单独纹样构成的基础。它依据几何基本形的性质及数理关系,先求中心,再根据设计的需要分割骨架。如等边三角形依据三个角的角平分线的交点求中心,正方形依据两条对角线的交点或两对边中点连线的交点求中心,圆形依据相互垂直的两条直径的交点求中心。

(三)纹样配置

几何图案分割构成的纹样配置,是在基本形内以直线或曲线进行分割,再作对称、放射、旋转等变化,强调以线的构成为主,利用直线、曲线、折线、弧线、粗线、细线以及线的角度、方向、粗细等,依据骨架顺理成章地配置纹样,组织好纹样的主次、大小、虚实。既要有整体的统一,又要有局部的变化,以提高对骨架的适应,以及应用和纹样的配置(造型)能力,如图6-48所示。

图6-48 纹样配置

八、连续构成

连续构成是依据条理与反复的组织原则,以单位纹样作重复的排列组合而成为无限循环组织的图案,它具有一种秩序性与规律性的节奏美。连续纹样分为二方连续纹样和四方连续纹样两大类。它们在纹样的组织上具有共同的特征:一是都有一个单位纹样,二是都有一定的组织骨式。单位纹样和组织骨式是构成连续纹样的两个主要因素。

(一)二方连续纹样

连续纹样是根据一定的组织骨式,将单位纹样向左右或是上下两个方向重复排列组成的纹样。根据单位纹样重复排列的方向不同,二方连续纹样分为单位纹样向左右方向重复排列的横式二方连续、向上下方向重复排列的纵式二方连续、首尾相接呈环状重复排列的边框式二方连续。

1. 二方连续纹样的组织骨式

二方连续纹样的组织骨式分为基本骨式与复合骨式。复合骨式是基本骨式的丰富和发展。基本骨式是单位纹样设计的依据,也是单位纹样排列的基本组织形式。

1)基本骨式的排列组织

基本骨式的排列组织包括散点式、波线式、折线式三种形式。

(1)散点式。它是单位纹样之间互不连接的连续排列组织。单位纹样单纯、完整,能独立存在,因此具有"散点"的特征。为了求得富于变化的连续效果,可以用繁简鉴别、大小不等的两个或三个纹样组成单位纹样,在连续上取得疏密有致、大小相同、富于节奏变化的艺术效果,如图6-49所示。

图6-49 二方连续散点式排列

(2)波线式。它是以波状曲线为骨式作连续排列组织,既可以波线骨式为格局,在格局的空间内配置单位纹样,也可以波状曲线为骨式,沿波线骨式配置单位纹样,如图6-50所示。

(3)折线式。它是以折线为骨式作连续排列组织。单位纹样的配置与波线式相同。但是折线是由直线转折构成,在形式特点上具有力度感和跳跃感。转折角度的大小不同,所呈现的节奏有或急或缓、或强或弱的变化,如图6-51所示。

图6-50 二方连续波线式排列

图6-51 二方连续折线式排列

2)复合骨式的排列组织

复合骨式的排列组织可以分为相同基本骨式的复合与相异基本骨式的复合。具体分为下列骨式:

(1)连锁式。它是以散点式为基础,将大小相同或相异的圆形散点作为相互连环套结,构成复合骨式,并依骨式结构面配置单位纹样作二方连续。

(2)开光式。它是以波线式或折线式相同基本骨式交错构成的复合骨式,并以骨式结构面的较大几何空间配置单位纹样作二方连续。

(3)重叠式。它是以两种基本骨式相互交错叠合,并以两种或两种以上的纹样分别作地纹或浮纹构成的二方连续,具有增加纹样层次、产生丰富变化的特点。

2. 二方连续的单位纹样

二方连续的单位纹样组织可以为对称式,也可以为均衡式。既要求纹样完整,又要求纹样连续之间的穿插呼应;既要突出连续的节奏感,又要加强连续的整体性。因此,单位纹样的设计应注意以下几点:

(1)单位纹样的设计必须同组织骨式密切相连,而组织骨式的选定,要根据装饰的对象和内容来确定,或活泼,或庄重,或倾向于动,或倾向于静,其骨式不同,单独纹样的形式和要求也不同。

(2)骨式的运用必须有主有次,有主才有鲜明的形式特点,有次才有丰富的变化。如散点式和波线式构成的复合骨式,以波线为主,散点则是点缀,求变化丰富;以散点为主,波线只是衬托,则可增强连续性和律动感。

(3)要加强连续的整体性,即要组织好单位纹样连续之间的点缀纹样,它是主体纹样的陪衬和补充,既可以增强单位纹样连续的整体效果,又可以丰富连续纹样的变化。但是必须处理适度,切不可喧宾夺主。同时,善于发挥统觉的积极作用,也是加强整体性的重要因素,如图6-52所示。

图6-52 二方连续纹样

(二)四方连续纹样

四方连续纹样是依据一定的组织骨式,将单位纹样向上下、左右重复排列组成的纹样。它向四面循环反复,连绵不断,故又称为网状纹样。

四方连续纹样注重大面积连续排列的组织构成纹样造型与色彩组合的整体艺术效果,而单位纹样的组织及其连续排列的组织构成骨式,是求得四方连续纹样的整体艺术效果的两个重要因素。单位纹样的组织既要有优美生动的单独花纹,又要有纹样间的顾盼呼应的协调布局;既要注意单位纹样反复连续的形式特点与节奏感,又要注意纹样间活泼自然的穿插连续;要善于运用变化统一的原理,在有规律的反复与连绵不断的组织中处理好纹样的宾主层次和空间的虚实照应,求得丰富而不凌乱、协调而不呆板的整体效果。

四方连续纹样的组织构成如下。

1. 散点式的组织构成

散点式是四方连续纹样的主要组织形式。一个或多个互不连接并相对完整的纹样组成一个单位纹样,将其向上下、左右反复连续排列构成,即为散点式。散点式的单位纹样内配置一个纹样,称为一个散点。配置两个纹样,称为两个散点。单位纹样内配置两个或两个以上的多个散点时,散点的纹样形象可以是同类或不同类的,可以是同形或不同形的,可以是大小相同或不相同的,也可以是同方向或不同方向的。单位纹样在依据一定规律的反复连续排列中,一种或多种纹样形象,以不同姿态、不同方向、不同大小,有规律地向上下、左右重复散布。因此,散点式的四方连续纹样的纹样之间,穿插灵活,生动自如,顾盼照应,疏密有致,既有丰富多样的变化,又在有规律的反复排列中富于和谐统一的美感,如图6-53所示。

2. 连缀式的组织构成

连缀式是四方连续纹样中应用极广的一种组织形式,也是处理大面积连续的一种有效方法。连缀式的纹样给人以严谨、充实、庄重之感。连缀式的组织十分丰富,有波形连缀、菱形连缀、梯形连缀、转换连缀等形式。

1)波形连缀

它是在单位纹样内作几何曲线,以构成波状骨式或在波状骨式线上配置纹样,或在波状骨式线间配置圆形(半圆形、椭圆形)纹样。具体做法是将单位纹样划分为均等的正方形网格,以网格交点为圆心画圆,既可以使相邻的两圆直接外切,也可以使相邻的两圆从两侧与共用线外切。波形连缀是以曲线为骨式,因此富于活泼优美、婉转流畅的艺术效果,如图6-54所示。

图 6-53　散点式四方连续纹样　　　　　图 6-54　波形连缀四方连续纹样

2）菱形连缀

它是在单位纹样内作菱形基本形，配以菱形适合纹样。具体做法是在方形或长方形的单位纹样中，连接相邻边的中点构成菱形，并在菱形中设计纹样。以此作为单位纹样向上下、左右连续排列即成菱形连缀。菱形连缀也可部分打破菱形的限制，使纹样部分向外扩展，产生穿插自如、相互呼应的效果。但是连续排列后不可使纹样发生冲突，并注意相对保持菱形连缀特征。菱形连缀的方法简便，变化丰富，具有强烈的装饰效果，如图 6-55 所示。

3）梯形连缀

它是将单位纹样进行阶梯式依次升高的错位连缀排列。单位纹样可以是正方形，也可以是长方形。单位纹样间的阶梯式错位差量，依据纹样的配置和变化需要而定。可以错位 1/4、1/3 或 1/2。梯形连缀操作方法简便，装饰性强，如同单位纹样的设计密切结合，简便之中能获得变化丰富的艺术效果，如图 6-56 所示。

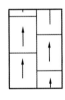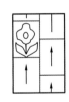

图 6-55　菱形连缀　　　　　　　图 6-56　梯形连缀

4）转换连缀

它是依据一定的规律将单位纹样转换方向后进行连缀排列。长方形纹样宜作向上、向下、一顺、一倒的转换连缀。正方形纹样则可以作向上、向右、向下、向左的四方转换连缀。转换连缀要注意发挥统觉的积极作用，在单位纹样转换的衔接处求得新的纹样组合，丰富纹样变化，避免产生互不联系的空隙而失去连缀的统一感，如图 6-57 所示。

图 6-57　转换连缀

3. 重叠式的组织构成

重叠式是以两种或两种以上的排列形式相结合的复合式组织方法。

重叠式的组织构成方法很多,有散点式与连缀式的重叠连续排列,有散点式与几何纹的重叠连续排列,还有散点式与散点式的重叠连续排列。重叠式要注意主次,突出主体。两种纹样,一种为地纹,另一种为浮纹,一般以连缀纹和几何纹为地纹,散点纹为浮纹。散点式与散点式重叠,则将两者略加错位,一种散点为浮纹,另一种散点则好比是"影子"。重叠式的地纹与浮纹既要层次清楚,又要相互衬托,在丰富中求协调,在变化中求统一,如图6-58所示。

图6-58 重叠式

九、临摹

临摹是指面对现成的好作品进行模仿,是学习书法、绘画的一种常用方法。临摹可以直接学习别人的长处、经验,减少自己摸索的过程,提高学习效率。临摹也是学习首饰设计的一个重要过程。初学者通过一段时间的临摹,进而可以了解并掌握首饰的结构及一般画法。临摹的步骤分为描影、临稿和写生三个步骤。

(一)描影

由于初学者刚开始接触首饰设计,临摹起来还有些困难,可以用硫酸纸覆盖在现有的设计图上进行描画,经过一段时间的描影训练后,就可以正式进行临摹了。

(二)临稿

临稿就是看着现有的设计稿或图片进行绘画练习,这个时期一定要注意严格按照原稿的比例绘画,一次不准确可反复多次练习,直到画准确为止。

(三)写生

同学习绘画一样,首饰设计写生也是看着实物进行绘画练习。左手拿一件首饰实物,边看边画,把所看到的首饰形象准确地反映在图样上。经过这些步骤的认真练习,头脑中对首饰就会有一个清晰的认识,就很容易将自己的设想直观地反映在图样上,这时就可以进行首饰设计了。

十、放样

放样即是把已完成的设计稿按一定的比例以实物的形式反映出来,也就是制版。这虽说是制版师的工作,但作为前一道工序的操作者(设计师)也必须对此有所了解,才能设计出更具审美价值及实用价值的作品。一个好的制版师要对图样进行反复审阅,透彻地理解设计师的设计意图,最大限度地发挥设计理念,做出符合设计师要求和令消费者满意的首饰样板。制版分两大类:一是手制银版,二是手雕蜡版。下面以手制银版为例详细分解整个过程。

(一)图样分析

当制版师接到设计师的图样后,首先分析整体构造和咨询各种要求,然后按图样做好分件准备工作。

(二)分件处理

根据设计图样所要求的规格、厚薄、宽窄、质量去预备银片和银丝,然后分件处理。比如做一件链牌,首先将放置主石和伴石的镶口做好,再做左右两边的丝带、花饰。丝带、花饰通常是流线型、S形、花叶形等。丝带要模仿仙女下凡飘来飘去的姿态,花饰要有如花草树木被风吹起的生动活泼的形态。丝带要能模仿动物生动可爱的姿态,花饰要能体现树叶逼真的纹络。除了局部线条以外,整体布局必须对称,比例一定要协调。

(三)摆放初坯

分件预备好并完全符合图样要求后,首先在橡皮泥上摆放初坯。橡皮泥一定要摆放成拱形,整体排列一定要有层次,初坯的效果一定要生动,并严格检查高低位置是否适中,线条是否流畅,整体是否协调,首饰艺术性是否能得到体现,这些均应在初坯摆放这一环节中体现出来。

(四)银坯定型

确认初坯后,先将所需的黄白石膏粉拌好后浇在银坯上。黄白石膏粉的作用是固定银坯,方便高温焊接。注意要保持一定的厚度,防止焊接过程中石膏粉爆裂。放置20min,待石膏粉干透后去掉坯底的橡皮泥,去不掉的橡皮泥可用汽油洗掉。

(五)焊接成型

此时整个银坯正面已被石膏粉定型,由于银坯是分件摆设,所以必须用银焊焊接。焊接时要适当处理硼砂、焊粉、银焊。硼砂起辅助焊接作用,焊粉起清理杂质作用,银焊起焊接作用。尽量不用焊枝,因为焊枝容易氧化。下焊一定要保持干净,银焊不能烧得太久,以免变黑。焊接后洗去坯上的石膏粉,按图样上所要求的底部线条,用银丝逐段焊(使用温度偏低的银焊),使整个粗糙的首饰版基本成型。

(六)版面处理

粗糙的银版成型后,大部分工作已经完成,但其余的版面处理工作也不能忽视。可先用锉刀、砂纸、砂轮、牙针等工具对银版轮廓表面的凹凸死角进行打磨,再用细砂纸整体处理光滑,不能留下任何锉痕、砂纸痕、焊疤。有砂眼必须修补,但用火时必须注意温度的高低,防止底部线条的低温焊脱落。整体效果必须棱角分明,线条清晰,主题突出,造型美观。

(七)水口(浇道)定位

一个完美无缺的银版制作成功之后,应再次确认银版的质量是否符合设计要求。确认无疑后,在适当的位置焊上水口棒。水口棒的粗细可依银版的大小而定。水口棒的主要作用是保证蜡液和金属液体顺畅流通。种植蜡树的支架水口棒尽量焊在银版的一端,不要焊在银版的中间,这不仅方便开模时下刀,防止注蜡时带来夹层、披锋,也关系到修蜡时的表面是否圆滑。

第三节　绘画透视

透视法,是把映入人们眼帘的三维世界在二维平面上加以表现的方法。

透视法最早在建筑领域里得到发展,这也使它在图学领域里占有相应的位置,但当时的透视图画起来比较困难,而且有误差。20世纪50年代,美国伊利诺伊理工大学设计学院主任简·达布令发表了《设计师的透视法》一文,弥补了以往透视法的缺陷,确立了作图方法的简易性和准确性。这种透视法是通过熟练地判断视点、灭点等来绘制,因迅速、准确的特点,成为珠宝设计者经常使用的透视图法,主要分为45°透视法和30°~60°透视法。

(一)45°透视法

45°透视法,也称为"2距点透视法"。当首饰的正面与侧面大小基本相等且都需要表现时,可以用45°透视法作透视图。具体步骤如下,示意图见图6-59。

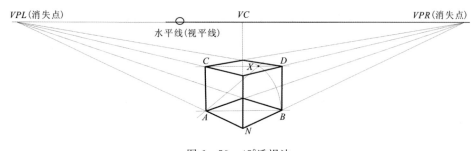

图6-59　45°透视法

(1)画一条水平线(视平线),定出线上的消失点 VPL 和 VPR。
(2)找出 VPL 和 VPR 的中点 VC。
(3)由 VC 向下引垂线。
(4)由 VPL,VPR 可向垂线上任一点引透视线,由此可决定立方体的一个角 N。
(5)作与点 N 于任意距离的水平对角线,交透视于点 A,B。

(6)由 A,B 分别向 VPL,VPR 引透视线,得到立方体的底面透视图。
(7)由底面(透视正方形)的各角画垂线。
(8)将点 B 绕点 A 逆时针旋转 $45°$ 得到点 X。
(9)通过点 X 引水平对角线,求得立方体的对角面。
(10)通过各点引透视线得到立方体的顶面,从而完成立方体。

(二)30°～60°透视法

30°～60°透视法,也称为"2 距点透视法",常用于同时表现首饰主次面时的透视图。具体步骤如下,示意图见图 6-60。

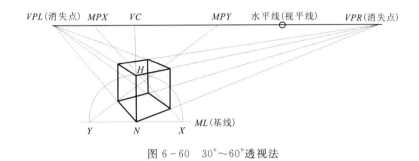

图 6-60　30°～60°透视法

(1)画一条水平线(视平线),定出线上的消失点 VPL 和 VPR。
(2)定出 VPL 和 VPR 的中点 MPY 为测点。
(3)定出 MPY 和 VPL 的中点 VC。
(4)定出 VC 和 VPL 的中点 MPX 为测点。
(5)从 VC 向下引垂线,在适当位置定出立方体的最近角 N。
(6)通过 N 引出水平线 ML 为基线。
(7)顶出立方体的高度 NH。
(8)以 N 点为中心,NH 为半径画圆弧交基线 ML 于点 X 和 Y。
(9)由 N 点向左右的消失点引出透视线,并同样作由 H 点引出的透视线。
(10)连接 MPX 与 X,MPY 与 Y,得到与透视线的交点。透视线和其交点决定了立方体的进深。
(11)从立方体底面的四个顶点分别画出垂线,从而完成立方体。

(三)圆面及圆形物体的透视

(1)圆形透视的画法(图 6-61)。先画一个立方体的透视形,正面画出两条对角线,再画两条对角线相交的四个点,共八个点,将八个点连接成圆。圆形透视距我们近的半圆大,远的半圆小,弧线要均匀自然,两端不能画得太尖或太圆。

(2)画圆形物体的方法。画圆形物体的步骤如图 6-62 所示。
步骤一:画出物体高和宽的比例。
步骤二:根据回旋组合体的规律,画出中轴线及对称点的平行线,并画出物体外形特征。
步骤三:在每条平行线上标出近大远小的点,画出圆面透视。

步骤四:调整线条的近实远虚的关系。

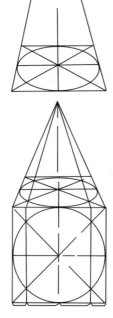

图 6-61 圆形透视的画法

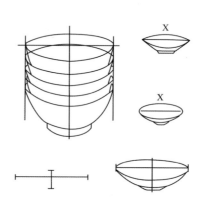

图 6-62 圆形物体的绘画步骤

(3)圆柱体和圆锥体的画法如图 6-63 所示。

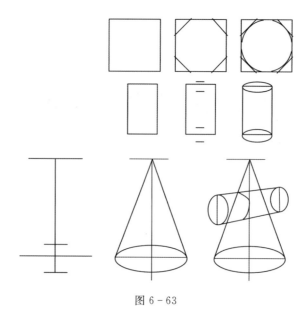

图 6-63

第四节　三视图的组成及画法

从不同角度观察首饰,可以发现从前、左和上方位观察,就可以初步较准确地把握首饰的整体形态特征,因此,常常通过作首饰的三视图来确定首饰的基本造型(图6-64)。

作首饰三视图时,可以借鉴机械制图中的三投影面体系,即对于形状相对简单的物体,可以从前、左和上三个方向进行观察投影,并记录于图纸上。

由于大部分珠宝首饰的结构和造型相对比较简单,有些具有对称性,所以采用简化的三投影面体系及对应的三个视图(主视图、左/右视图和俯视图)(图6-65),或者两个视图(主视图和俯视图)就能实现首饰形体结构的良好表达。对于不对称的首饰,可以采用四个视图(主视图、左视图、右视图、俯视图)(图6-66),甚至六个视图(主视图、左视图、右视图、俯视图、仰视图、后视图)来完整体现。

图6-64　不同角度观察首饰　　　　图6-65　三视图

图6-66　不对称首饰的四个视图

为了表达形体特征和大小,通常在主视图、左视图和俯视图上标出尺寸和角度等数据。

为了表达复杂精细的内部或者局部形态,可以通过适当增加剖面图(如全剖视、半剖视、局部剖视、局部放大、重叠剖视或展开视图)来补充。

在绘制三视图和读图时,可以依照下面的两个方法进行:

(1)形体分析法。形体分析法是根据视图的投影关系,分析首饰由哪几个部分组成、各组成部分由哪些基本几何体组成、各部分之间的位置关系及连接方式等内容。

由于主视图反映出首饰的结构特征,读图时一般都是从主视图着手进行分析的。

（2）线面分析法。线面分析法是从主视图所形成的比较大的线框开始，采用线条分析的方法，分别找出与线条对应的投影图形分析整个线框的整体形状和空间位置的方法。

课后练习题

1. 以"重复"元素为题材，设计一款首饰手链。
2. 以"近似"元素为题材，设计一款首饰吊坠。
3. 以"渐变"元素为题材，设计一款首饰戒指。
4. 以"对称"元素为题材，设计一款首饰（戒指、吊坠、耳饰任选）。
5. 以"均衡"元素为题材，设计一款首饰（吊坠、项链任选）。
6. 以"对比"元素为题材，设计一款首饰吊坠。
7. 以"调和"元素为题材，设计一款首饰吊坠。
8. 以"节奏"元素为题材，设计一款首饰项链。
9. 以"点"元素为题材，用 1.0～5.0mm 的圆形宝石，设计一款首饰（戒指、吊坠、耳饰任选）。
10. 以"线"元素为题材，以金属线为材料设计一款首饰（戒指、吊坠、耳饰任选）。
11. 以"面"元素为题材，以金属为材料设计一款首饰（戒指、吊坠、耳饰任选）。
12. 以"点"元素为题材，以金属、不同形状宝石为材料设计一款首饰（戒指、吊坠、耳饰、手链、项链任选）。
13. 依据"二方连续纹样"的组织特点，以金属、不同形状宝石为材料设计一款首饰手链。
14. 用 45°透视法，以线段 20mm 为单位，画正方形立体透视图。
15. 以内径 20mm 为单位，画圆形立体透视图。

第七章　贵金属首饰制作专业技术及国内外新技术

第一节　首饰的镶嵌技法

一、"爪镶"——美的诠释

爪镶，是最为快速和实用的镶法，能够最大限度地突出宝石的光学效果，对宝石的遮盖最少，款式的变化和适用性也最为广泛。爪镶可分为二爪、三爪、四爪和六爪等，四爪镶和六爪镶都是经典的造型，能够把宝石高高托起，光线可从四周照射宝石，使宝石显得无比晶莹剔透、华丽高贵。

爪镶又分为独镶和群镶两种。独镶就是戒托上只镶一粒大宝石；群镶是除主石外，还配以副石（即小碎石）。首先是副石镶嵌，检查宝石直径是否与镶口吻合，镶口的爪是否完整，镶口略小可用伞针作适当的拓宽。然后用锞子把副石调整压实，副石台面要放平，与镶口要吻合而平行，副石镶嵌好后，就可以镶嵌主石。珠宝首饰的主石是主体，是重要的表现对象，主石的效果如何关系到首饰的完美和品质及整体商品价值。以刻面宝石为例，如刻面红、蓝宝石、紫晶等这类宝石的腰部尖端等薄弱部位往往是爪镶嵌的地方，为了让刻面宝石能镶嵌得牢固和美观，同时也能保护宝石在镶嵌时边部和尖端处不易损坏，常常需要在爪上车出卡口，让卡口的高度恰好嵌进宝石的腰边或顶端，卡口要求均匀，并同在一个水平面上。

二、"包镶"——宝石的稳固保镖

包镶，也称包边镶，是用金属边把宝石四周围住的一种镶嵌方法。这种方法是镶嵌工艺中最为稳固的方法之一，也是较为常用的镶嵌方法。一般对于素面宝石（月光石、翡翠等）常常采用包镶的方法，因为这类宝石较大，用爪镶不够牢固，另外爪镶上的爪又容易钩挂衣物。目前市场上较为常见的"老板戒""马鞍戒"、素面翡翠戒等都是采用包镶方法镶嵌的。包镶适合于素面和一些异形宝石（如马鞍形）的镶嵌。

三、"卡镶"——时尚人士的挚爱

卡镶,也称迫镶(夹镶、槽镶、壁镶、逼镶、轨道镶),原理是利用金属的张力固定宝石的腰部,是非常时尚的镶嵌方式,凸显现代感,最受年轻时尚的人士所喜爱。这种镶嵌方式使得宝石的裸露比爪镶更进一步,闪烁着熠熠的光辉,非常耀眼。这种镶嵌方法虽然好看,但也有缺点:宝石被金属固着的位置十分有限,受力点很小,如果槽口车得过大,则极易造成宝石松动甚至脱落,所以用这种方式镶嵌对技术的要求比爪镶更高。

四、"钉镶"——让光线完美透射

钉镶,是在金属材料镶口的边缘,用工具铲出几个小钉,用以固定宝石。在表面看不到任何固定宝石的金属或爪子,紧密排列的宝石其实是套在金属榫槽内。由于没有金属的包围,宝石能透入及反射更充足的光线,凸显珠宝的艳丽光芒。

五、"无边镶"——高难度技法

无边镶,是用金属槽或轨道固定住宝石的底部,并借助于宝石之间及宝石与金属之间的压力来固定宝石的一种难度极高的镶嵌方法。无边镶并不是完全没有边,只是宝石之间没有镶边,但首饰托架上有外围边。这种方法就是利用宝石与宝石之间和宝石与金属之间的挤压,来彼此固定的镶嵌方法。

六、"微镶"——显微镜下见功力

微镶,是珠宝技术上一种新兴的镶嵌技术,与其他钉镶相比,微镶的宝石之间镶嵌非常紧密,它是在40倍的显微镜下镶嵌而成,镶爪非常细小,不显金属,很难用肉眼分辨,宝石镶上后有一种浮着的感觉,能较好地体现宝石的光彩;同时利用小宝石表现大块面,对产品款式为弧面造型的表现有着得天独厚的优势,使产品款式看上去充满富贵与华丽,整体感表现力强,而且表面非常柔和,使得产品更闪烁、更立体、更浑圆,恍如波光流动。微钉镶工艺多用圆形宝石进行镶嵌,对产品所用宝石的大小、颜色、净度有非常高的要求。

七、"飞边镶"——实用又美丽

飞边镶,又称意大利镶,是一种包边镶与起钉镶相结合的镶嵌手法。在宝石的四周被金属镶边围住的同时,又被若干铲起的小钉所固定。由于宝石周围的金属镶边比较矮,不能完全包住宝石,所以镶边只起定位作用,而镶钉才起固定宝石的作用。宝石周围的镶钉数量可以为3~6个不等。一般镶钉数量越多,镶边上铲起的镶钉也越小。飞边镶主要用于刻面型宝石的镶嵌,可以保持原来尺寸,使宝石不易钩挂衣物,也避免了包边镶造成的宝石腰部变小的问题。

八、"光圈镶"——凸显视觉装饰性

光圈镶,也称埋镶、抹镶,工艺上类似于包镶,宝石深陷入环形金属碗内,边部由金属包裹嵌紧。宝石的外围有一下陷的金属环边,光照下犹如一个光环。光圈镶由于金属光环存在,在视觉上给人以宝石增大了许多的感觉,而且圆形光环也有一定的装饰性。

九、"绕镶"——闪耀缠绕随形宝石

绕镶,是用金属丝将宝石缠绕起来的镶嵌手法。绕镶常常用于珠形或随形宝石的镶嵌,有些艺术首饰和流行首饰也多采用此种镶嵌手法,以便追求更加特殊的工艺效果。

第二节 国内外首饰设计创新和制作技艺的新动向

西方人对首饰的概念已经有了新的认识。由于金属首饰长期与皮肤接触对人体有害,而且其用于标榜富贵的传统作用已在一些西方人眼中地位下降,所以购买金银首饰可以保值的观念也日渐陈旧,而首饰用来和服装搭配、协调装饰、美化人体的作用已日渐被年青人接受。首饰的材料是贵是贱,已不是最重要的。

西方人特别是女性,选择饰品的首要条件是款式和造型。西欧北美的首饰大多镶有钻石宝石,而对"千足赤金""百足赤金""十足赤金"则较少使用。非镶嵌类金饰品的做工也极精致,狭窄的天地中有纵横交错的凸纹,细密繁杂的凹凸图案,如果用纯金制作则无法成形,即使成形也会在极细微的擦撞中迅速变样,无法保持。所以,西方妇女佩戴的金饰品是"成色不足赤金",纯金含量是相当低的。

大多数西方人对首饰装饰追求的是艺术美,艺术美是首饰里飘逸出来的设计者所巧妙寄托的内在寓意,是设计者思想感情、审美情趣与客观物体的贯通交融。追求艺术美不仅要借鉴绘画、雕塑和其他姊妹艺术的经验,而且要打破时空限制,突破原有的艺术形式,按照设计者的主观设想、美的自身内在规律,强化作品意境,探求装饰材料、装饰技法的自然天成的美,达到人为装饰美与天然浑成的材质美、颜色美高度统一,让人在有限中找到无限,使装饰充满美感、充满自由。

世界各国的首饰艺术,因不同的文化背景、审美情趣、社会环境的差异而各具特色。例如,巴西现代珠宝设计师的创作里面到处都洋溢着那浓郁、富饶的巴西热带大自然气息;德国设计师的风格是崇尚简洁,作品很具现代感;瑞士首饰的设计风格较为极端,喜欢将整件首饰设计成光面或铺满钻石。

"首饰为时尚而设计",基于这一原则,设计师们考虑首饰在装饰人体的部位这一问题时,不再局限于传统的手指(戒指)、手腕(腕饰)、脖子(项饰和颈饰)、耳朵(耳钉、耳环和耳坠)及胸部(胸针),而是随心所欲地发展到人体的其他部位。如专为装饰肚脐设计的钉饰,点缀眉毛和嘴唇的眉戒和唇戒,甚至是颌戒、颌鼻戒;耳饰的位置也由耳垂向耳廓发展,数量增多。更有甚者在欧洲曾有一段时间女性都流行"泪装",在眼睛下面用特殊材料粘上两颗泪珠样饰品,意为装扮成"啼泪涟涟"的楚楚美女的形象。

与中国相比,西欧的历史远不及中国悠久。正因为如此,人们所受到的思想束缚少,首饰创作的主题能较容易地冲破传统的束缚,表现得更加丰富和生动,从具体到抽象,从古代到现代甚至未来,无不涉及。

在设计这个大领域内,各分支之间是互通的,珠宝首饰设计师既可能是汽车设计师、金属工艺家,又可能是服装设计师。因此,他们可由女人的身体联想到法拉利,再联想到现代流行首饰的设计,而他们的艺术思路是相同的,但设计思路是多变的。设计师们常在首饰制作中应用到同样大小尺度的雕塑原则,把传统的艺术形式与首饰的设计制作相结合。如 Norman Cherry 尝试了自古以来各种编织技法、绳结技艺和一些相关技术,并将这些技术融入到首饰创作中去。

西方首饰设计理念更多地倾向于把首饰和珠宝作为一种可佩戴的艺术品,或许首饰作品的原料都不是很贵重,但加入了设计师独特的设计思想,就成为一件成功的、附加值较高的、可佩戴的艺术品,我们可称它为"建立在人体和服装上的雕塑"。当代首饰设计主题的选择目的在于更直接地表述人们的思想,人们所关心的全部社会内容都可以成为首饰创作的主题,使得首饰摆脱了单调的"豪华"和"财富"的印记,更符合艺术的语言,更贴近现代人的平常生活。

许多国外首饰设计艺术家崇尚自然,他们认为:无论是天然材料或人造材料,都有本身特殊的图案、颜色与质感,带给人不同的感官刺激,产生不同的心灵感受。

天然材质如同动物的皮毛,触感柔软温暖,而花纹则充满野性奔放之美;木材的质地纹路,有着质朴敦厚的韵味;粗糙斑驳的石头,予人沧桑原始之感;花朵的美丽娇柔,最能表现女性之美。

人工材质方面:透明澄澈的玻璃,带来清凉梦幻的感觉;冰冷闪耀的金属,具有摩登现代的科技感,如一种新近被使用的金属材料——钛金,以丰富多变的色彩成为设计师表达情感的窗口;纯净细致的陶瓷,流露高贵与典雅气息,如德国陶瓷材料非常丰富,成型、装饰方法多样,而且制作工艺简便、成本低,能真正做到价廉物美,有利于首饰的大众化;柔软可塑的纤维,如彩色亚克力纤维(carylic)的使用标志着当代首饰发展的一个新起点。材质的样貌千奇百怪,充满趣味与无限的想象空间,不仅刺激了创意的诞生,也提供了创作成型的最佳原料。

中国目前的珠宝首饰是以体现现代的设计为主导,装饰性强,并以单一或是以编制、精致的层叠来表现。它的灵感来自现代科技,材料为黄金、白金、K 金,并用金属加以包裹、环绕和重复。具有东方特性的、宗教的、以至复古的重叠项链也在今年的潮流之中。金属复数链中镶以钻石、各色蓝宝石等,而颜色方面则以加重色彩为主导。现代的风格是简约。珠宝以前专为上流社会的成员设计,所以以前的珠宝设计风格是极尽奢华,设计的款式华丽,装饰线条繁琐,比如说巴洛克风格的珠宝,使用无序复杂的装饰花纹,整体讲究对称但是局部却又千变万化,这种风格就很适合体现当时贵族的尊贵。现代的珠宝设计风格以简约为主,因为要想让普通百姓消费得起珠宝,风格只能简约。但是简约中又要体现出个性,因为个性化时代即将来临,每个人都有自己的个性,设计师今后应该可以做到综合考虑每个人的个性因素,为消费者量身定做珠宝。珠宝设计的风格从简约走向复杂再走向简约是一个轮回,但是简约发展到现在已经不再是传统的简约了,现代的简约是在西方设计元素影响下的简约,是在当今时代精神影响下的简约,是用抽象的线条表达设计意念的简约。现代的简约在工艺上没有什么创新,只是有些传统的工艺现在不再流行了。

根据现代首饰的审美倾向和人们对现代首饰审美情趣的要求,现代首饰设计主题的情趣审美特征与其他现代造型艺术相同,主要表现为以下几个方面。

一、显现民族风韵

随着后现代主义的到来,人们开始追寻一缕怀旧之情以及几许思古之幽意。现代首饰艺术开始使用各种原始材料和传统图形作为设计元素,体现人们对传统的寻求和对自然的亲近。

我国有丰厚的文化积累,远古的彩陶纹饰、夏商的青铜图案、战国的漆艺造型、汉代的画像石(砖)等都是首饰艺术可以在造型方面吸收借鉴的。这种吸收借鉴包括两种形式:第一是将古代的图案作为一种符号、一种元素或一种形式直接应用到现代的首饰艺术作品中,使人产生直接的印象;第二是在理解古代图案造型的精神实质、审美内涵的基础上,运用这种精神、内涵来表现作者自己的思想和信息,从而在首饰设计作品上创造出新的图案造型。这是在设计师充分研究和理解中国风格的审美特征和精神实质后才能够实现的。这些作品能够体现民族文化的质朴和敦厚,使人倍感亲切。在首饰的设计上,设计者们将现代的物质材料与传统风格的造型有机地糅合在一起,更多地运用和吸取民族、民间的装饰艺术的精华,其首饰设计不带任何矫饰和浮华的色彩,呈现清新、自然的格调,力求在作品中体现人性的回归。这种设计思潮所表现出来的是浓郁的民族气息和纯真的美。

对于传统题材的挖掘,需要建筑在自己对它的深刻的理解上,避免简单地模仿或不加创新,以至于落入与时代不融的摹古的尴尬境界,可通过现代与古典文化相互糅合的艺术设计手法构筑出个性的氛围。因此,首饰艺术的民族情趣不仅仅指的是技法、形式、图形,更在于其中的文化积淀。

二、融入乡土情结

大自然是人类创新的灵感源泉,人类造物的信息都是源自于对大自然的仿生模拟创造。同时,随着当代的社会科技的发展,便捷的电脑网络、信息传递工具导致了人们的生活日渐远离自然而人工化、机械化。因而,人们的内心就更加深刻地向往着自然,在心灵深处更希望得到一些抚慰和安宁。于是,越来越多的人开始关注"绿色设计"。在中国传统文化中,人们将植物人格化了。正因为如此,许多花草都成为一种象征,表达着个人的人生追求和精神寄托。如牡丹代表富贵,荷花代表纯洁,"梅兰竹菊"四君子颂扬上品的人格,"岁寒三友"则寓意诚挚的君子情谊等。

三、张扬个性情感

将社会中每一个个体紧密相连的是人与人之间的情感。情感是艺术表现的普遍与永恒的主题,如:亲情、友情、爱情都是现代首饰设计表达的常用主题。特别是高度工业化的现代社会,人们希望在个性化的首饰中宣泄多彩的情感,如狂喜、愉悦、欢乐、痛苦、悲伤、愤怒、思念。现代首饰无形中起到了将情感物质化的作用,将人的思绪、理念、意向的多层面展现为多种形象,常常表现的是设计师对生活中感人至深的性情时分和难以忘怀的情景定格,充分表达出每个人的个性爱好,流露出丰富的情感。如台湾首饰设计师刘道英的《思绪》,表现的就是对纷繁复杂的往事的回忆。用优美的造型,以无声的语言,使有形首饰给人以无形情感的遐想,把佩戴者引入微妙的遐想和情思之中。

四、推崇新奇浪漫

现代科技的发展使人类对宏观世界与微观世界的认识大大拓展。宏观的星系、黑洞、流星雨等,微观的细胞、原子、质子等,都给设计师无限的想象空间。抽象事物的具象化以及难以捕捉的抽象形态是令设计师感兴趣的内容,如电、声波、光、空间、时间及电信、网络等,把它们显现为可视的几何形态或有机形态,成为现代首饰设计的元素。

在现代首饰设计中,这些科技题材造型的流行,反映了人们推崇新奇浪漫和跨越空间的情趣,以及追求新潮、与时代脉搏一起跳动的情感宣泄。设计者们利用一切可以利用的材料,使首饰的造型和风格不断翻新和别出心裁,如将手镯和电子表、项链和电子表等综合设计为一体,使作品的功能和审美高度地统一起来,求得一种设计的情趣和新意。有的作品则以近乎怪诞的造型手段,使之产生一种奇特的视觉效果,充满了现代艺术的浪漫色彩和超越感,显示着科学与艺术的共生以及时代精神和情感的共存。

五、追求唯美情趣

受现代构成艺术的影响,大量夸张、变形、抽象的语言运用到首饰设计中,如现代建筑所表现的立体主义、结构与空间的秩序、结构及力学上的美感,正成为现代设计师们在首饰设计中大量运用的元素,形成了唯美倾向的纯形式的现代构成式首饰。追求唯美情趣的佩戴者不反对作品中是否有内容,但一般不注重内容的逻辑性;同时也不反对作品中是否有生活,但生活在作品中的位置却无关紧要。首饰只是抒情达意、借题发挥的媒介,只要造型具有美感,作者的情趣追求就算达到了目的。纯形式的情趣是通过点、线、面、体等形式因素的结构组合及面积配置、手法对比等手段,造成具有视觉心理效应的情趣感。

课后练习题

一、填空题

1. 飞边镶,又称_____。它是一种包边镶与起钉镶相结合的镶嵌手法。在宝石的四周被金属镶边围住的同时,又被若干铲起的_____所固定。
2. _____是镶嵌工艺中最为稳固的方法之一,也是较为常用的镶嵌方法。
3. _____可分为二爪、三爪、四爪和六爪等,四爪镶和六爪镶都是经典的造型。
4. 微钉镶工艺多用_____宝石进行镶嵌,对产品所用宝石的大小、颜色、净度有非常高的要求。
5. 爪镶又分为_____和_____两种。
6. 光圈镶,也称埋镶、抹镶,工艺上类似于_____,宝石深陷入环形金属碗内,边部由金属包裹嵌紧。
7. 包镶适合于_____和一些_____宝石(如马鞍形)的镶嵌。
8. 根据现代首饰的审美倾向和人们对现代首饰审美情趣的要求,现代首饰设计主题的情趣美特征与其他现代造型艺术相同,主要表现为以下几个方面:_____、_____、_____、_____、_____。

二、选择题

1. 爪镶可分为二爪、三爪、四爪和六爪等,(　　)和六爪镶都是经典的造型。
   A. 二爪　　　　B. 三爪　　　　C. 四爪　　　　D. 五爪
2. 纯形式的情趣是通过(　　)等形式因素的结构组合及面积配置、手法对比等手段,造成具有视觉心理效应的情趣感。
   A. 点、体　　B. 点、线、面、体　　C. 点、线、面　　D. 点、面、体、
3. 下列哪种镶法容易造成宝石松动甚至脱落?(　　)
   A. 爪镶　　　　B. 包镶　　　　C. 飞边镶　　　　D. 卡镶
4. 以下哪种镶法的难度是最大的?(　　)
   A. 飞边镶　　　B. 钉镶　　　　C. 无边镶　　　　D. 微镶

三、简答题

简单论述卡镶的利弊。

第八章　贵金属行业标准和质量管理

第一节　国家首饰行业有关产品技术标准

首饰行业内常用的贵金属材料有铂金、黄金、白银。

铂金的密度为 21.45g/cm³,远大于黄金和银。摩氏硬度为 4.3,熔点为 1769℃,耐高温,空气中不易氧化,具有优良的耐酸碱性和延展性。不但可以将它轧成很薄的铂箔片,而且如果将 1g 的铂金拉成细线的话,它延伸的长度可达 2000m。铂金的这些特性使它在工业中的用途也很广泛。

铂金首饰通常以含铂金的千分比来表明首饰的质地,同时也是首饰定价的根据之一。常见的标记有以下几种。

(1)足铂金:铂含量千分数不小于 990,打"足铂"或"Pt990"标记。

(2)950 铂金:铂含量千分数不小于 950,打"铂 950"或"Pt950"标记。

(3)900 铂金:铂含量千分数不小于 900,打"铂 900"或"Pt900"标记。

黄金首饰是指以黄金为主要原料制作的首饰。黄金的化学符号为 Au,密度为 19.32 g/cm³,摩氏硬度为 2.5。黄金首饰从含金量上可分为纯金和 K 金两类。足金首饰的含金量在 99% 以上,最高可达 99.99%,故又有"九九金""十足金""赤金"之称。为了克服金价格高、硬度低、颜色单一、易磨损、花纹不细巧的缺点,通常在纯金中加入一些其他的金属元素以增加首饰金的硬度,变换色调和降低熔点,这样就出现成色高低有别、含金量明显不同的金合金首饰,冠之以"karat"一词。K 金制是国际流行的黄金计量标准,K 金的完整表示法为"karat gold",并赋予 K 金以准确的含金量标准,因而形成了一系列 K 金饰品。

国家标准《首饰　贵金属纯度的规定及命名方法》(GB 11887—2012)规定,每开(英文 carat、德文 karat 的缩写,常写作"K")含量约为 4.166%,所以,各开金含金量分别为(括号内为国家标准):

$9K = 9 \times 4.166\% = 37.494\% (375‰)$

$12K = 12 \times 4.166\% = 49.992\% (500‰)$

$14K = 14 \times 4.166\% = 58.324\% (583‰)$

$18K = 18 \times 4.166\% = 74.998\% (750‰)$

$22K = 22 \times 4.166\% = 91.652\% (916‰)$

$24K = 24 \times 4.166\% = 99.984\% (999‰)$

白银首饰是指以白银为主要原料制作的首饰。白银的化学符号为 Ag,业内常用 S 代表白银。常见白银有 S990、S900、S925，其中数字代表银的含量，例如 S925 则说明含银量 92.5%。

第二节　全面质量管理的基本理论和方法

全面质量管理（Total Quality Management，简称 TQM）就是指一个组织以质量为中心，以全员参与为基础，目的在于通过顾客满意和本组织所有成员及社会受益而达到长期成功的管理途径。在全面质量管理中，质量这个概念和全部管理目标的实现有关。

一、主要特点

(1)它具有全面性，控制产品质量的各个环节，各个阶段。
(2)是全过程的质量管理。
(3)是全员参与的质量管理。
(4)是全社会参与的质量管理。

二、意义

全面质量管理的意义表现在：提高产品质量、改善产品设计、加速生产流程、鼓舞员工的士气和增强质量意识、改进产品售后服务、提高市场的接受程度、降低经营质量成本、减少经营亏损、降低现场维修成本、减少责任事故。

三、内涵

全面质量管理的内涵是以质量管理为中心，以全员参与为基础，目的在于通过让顾客满意和本组织所有者、员工、供方、合作伙伴或社会等相关方受益而使组织达到长期成功的一种管理途径。

四、质量控制方法

质量控制方法一般分为四个阶段：
(1)第一个阶段称为计划阶段，又叫 P 阶段(plan)。这个阶段的主要内容是通过市场调查、用户访问、国家计划指示等，摸清用户对产品质量的要求，确定质量政策、质量目标和质量计划等。
(2)第二个阶段为执行阶段，又称 D 阶段(do)。这个阶段是实施 P 阶段所规定的内容，如根据质量标准进行产品设计、试制、试验，其中包括计划执行前的人员培训。
(3)第三个阶段为检查阶段，又称 C 阶段(check)。这个阶段主要是在计划执行过程中或执行之后，检查执行情况，是否符合计划的预期结果。
(4)最后一个阶段为处理阶段，又称 A 阶段(action)。主要是根据检查结果，采取相应的措施。

课后练习题

一、填空题

1. 铂金的密度为 21.45g/cm³，远大于 _____ 和 _____。
2. 铂金首饰通常以含铂金的 _____ 来表明首饰的质地，同时也是首饰定价的根据之一。
3. 黄金的化学符号为 Au，密度为 _____ g/cm³，摩氏硬度为 2.5。
4. 白银的化学符号为 Ag，业内常用 _____ 代表白银。
5. 全面质量管理(Total Quality Management，简称 TQM)就是指一个组织以质量为 _____，以全员参与为 _____，目的在于通过顾客满意和本组织所有成员及社会受益而达到长期成功的管理途径。

二、选择题

1. (　　)K＝9＊4.166％＝37.494％(375‰)。
   A. 9　　　　B. 11　　　　C. 8　　　　D. 7
2. 如果将 1g 的铂金拉成细线的话，它延伸的长度可达(　　)m。
   A. 2200　　B. 2500　　C. 2300　　D. 2000
3. (　　)的特点包括：具有全面性，控制产品质量的各个环节，各个阶段；是全过程的质量管理；是全员参与的质量管理；是全社会参与的质量管理。
   A. 源头质量管理　　B. 阶段质量管理　　C. 部分质量管理　　D. 全面质量管理
4. 质量控制方法一般分为(　　)个阶段。
   A. 三　　　　B. 四　　　　C. 八　　　　D. 六

三、简答题

概述全面质量管理的意义和内涵。

第二部分

首饰加工技术实操知识

第九章 珠宝首饰设备、工具的使用

第一节 常用工具的作用和使用

一、压片工具

在制作的过程中,有时候需要使用一些金属薄片和金属线,这时就需要用到压片机。压片机分为电动压片机(图9-1)和手动压片机(图9-2)两种,电动压片机由电动机提供动力,手动压片机通过手工摇动摇把提供动力。压片机的基本部件是都拥有两个对辊,它们是用来挤压金属,使它成为金属薄片。压片机上面的齿轮盘,用来调节压片机两个对辊之间的距离。对辊的两侧还有成对的凹槽,这些凹槽是用来压制金属线材的。在压片的过程中,我们必须注意以下事项:

(1)压缝之间的距离不能调的太紧,否则会损坏压片机;

(2)使用电动压片机时,要注意安全,用手拿着金属板插入压片机时,要迅速将手收回,以免发生意外;

(3)在压片机的对辊和凹槽上要抹上适量的润滑油,可以起到保护对辊的作用,还可以保证压片的顺利进行。

图9-1 电动压片机

图9-2 手动压片机

二、拉丝工具

在首饰维修中,如果需要对断爪进行修复,则需要用到不同界面形状的金属线,例如对圆形爪进行维修时,需要用到圆形的金属线,而对心形爪进行维修需用到心形的金属线,这些金属线型都需要通过拉线才能获得。

拉丝板(图9-3)是拉丝操作的主要工具,其拉丝孔通常为硬质合金制造,坚硬无比,不易变形,也有采用人造金刚石的,但价格极贵。拉丝板有24孔、36孔两种不同的规格,拉丝孔的形状通常为圆形,也有椭圆形、半圆形、三角形、方形等,还有专门拉制异形截面丝的拉丝板。拉丝之前先要通过压片机将金属压成粗条状,并将它的一段修错成锥形,方便其金属线穿过拉丝孔。拉丝孔的直径由小到大依次排列,拉丝时可将金属线从大孔到小孔逐次地拉过。在拉线板的空位或者金属线上涂上适量的润滑油有助于拉线,可起到润滑、省力的作用。

目前,首饰生产所采用的拉丝板一般是和压片机配套使用的,如图9-4所示。拉丝板可以固定在压片机上,拉丝板后面还有一个滚轮,通过滚轮的旋转将金属线拉过拉线板,这种方式主要应用于大量的线材拉丝。

图9-3 拉丝板

图9-4 压片机

三、功夫台

功夫台(图9-5),是首饰制作中最基本的设备,通常是用木料制作而成的,对功夫台的要求是:

(1)要坚固结实,尤其是台面的主要工作区部位,一般要用硬杂木制成,厚度在50mm以上,因为加工制作时常会对台面有碰击;

(2)对功夫台的高度有一定的要求,一般为90cm高,这样可以使操作者的手肘得到倚靠;

(3)台面要平整光滑,没有大的弯曲变形和缝隙,一般台面钉上厚度为1cm的铝皮(或白铁皮),以便进行金粉的收集和防火,台面左、右侧及后面要有较高的挡板,防止宝石或工件掉入缝隙或者蹦落;

(4)要有收集金属粉末的抽屉,以及放置工具的抽屉或挂架;

(5)要有方便加工用的台塞,一般在台面正中向前伸出一块长约30cm、宽约10cm、厚约1cm的木板(台塞),便于手工进行锯、钻、锉等工作;

(6)台面上一般设有挂吊机的支架。

图9-5 功夫台

四、吊机、机头及机针

吊机(图9-6),是悬挂式马达的俗称,一般是挂在工作台的台柱上,在首饰制作中应用非常广泛。吊机是利用电机一端连接的钢丝软轴带动机头进行工作的。机头为三爪夹头,用于装夹机针。机头分两种:一种为执模机头,稍微大一些;一种为镶石机头,稍微细小一些,且有快速装卸开关。吊机的脚踏开关内有滑动变阻机构,踏下高度的不同会使吊机产生不同的转速,适合不同的操作情况。

吊机机针(图9-7,图9-8):配合吊机使用的有成套的机针,俗称锣嘴,是首饰制作中非常重要的工具,主要用于首饰的执模、镶嵌甚至抛光等环节。根据机针针头的形状不同,其用途也不同。针头的形状主要有粗球针、扫针、飞碟、吸珠、钻针等。

五、焊接工具与焊接材料

焊接是首饰维修中较为重要的环节,在改戒圈、焊爪等许多地方都需要用到焊接工艺。所谓焊接,顾名思义就是将分离的部件焊接在一起。任何贵金属制品都是金属圈、金属环、金属丝、金属片的组合,要把这些元部件组合成一枚完整的首饰,就必须将它们焊接起来,应该说焊接是首饰加工中最为重要的一个环节,焊接技术掌握与否直接决定着初学者能否出师,是决定

图 9-6　吊机、机头

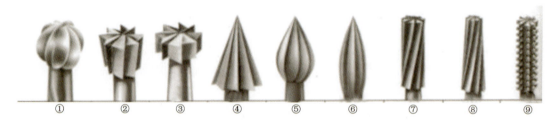

图 9-7　常见各种机针（一）
①粗球针；②粗轮针；③轮针；④尖伞针；⑤、⑥箩针；⑦柱针；⑧锥针；⑨平扫针

图 9-8　常见各种机针（二）
①扫针；②、③尖扫针；④、⑤吸珠；⑥轮针；⑦尖飞碟；⑧扁飞碟

初学者能否承担贵金属首饰加工制作的决定性技术因素之一。

焊接工具主要包括组合焊具、焊瓦、焊夹、焊药、白电油（120号汽油）、打火机、硼砂、硼砂碟、明矾、明矾杯、剪钳等。

焊接采用的焊具是组合焊具，包括焊枪、油壶、皮老虎，如图9-9所示。

焊接的时候，需控制好火候，预热的时候可采用大的火焰，焊接的时候可以集中细火进行焊接，同时还需要利用好火焰的加热部位。火焰可分为低温区和高温区（图9-10）。外焰是氧化性火焰，温度低，工件易烧黑，内焰是还原性火焰，温度高，我们要根据火焰颜色合理选择火焰区域进行焊接。

图9-9 焊具

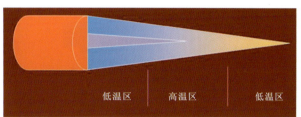

图9-10 火焰的低温区和高温区

（一）组合焊具

组合焊具又称火吹套件，是首饰制作中的重要工具。它的作用主要有熔金、退火、焊接等，是由鼓风器、燃料容器和火枪等部件组成，各部分之间用软管连接，如图9-11所示。

图9-11 组合焊具

(二)鼓风器

鼓风器,俗称皮老虎、风球。鼓风器的作用是产生足够的压力和气流,使燃料容器中的燃料(如汽油或乙炔气、煤气、天然气、氢气等)与空气中的氧气充分混合,到达火枪后被点燃产生火焰(图 9-12)。

(三)火枪

火枪一般有一个调节阀门,可调整火焰的粗细。有的火枪有两个调节阀门,一个调整火焰的粗细,另一个调整混合气体的混合比例(图 9-13)。

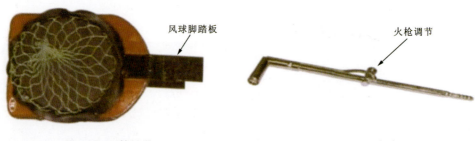

图 9-12 鼓风器　　　　　　　　　图 9-13 火枪

一般来说,在进行精细部件的焊接时,通常使用风球+汽油壶+小火枪的组合,因为这种组合可以比较灵活地利用手脚的配合,调整火焰的大小和粗细。

在熔金和配焊药时则经常使用空压机+煤气+大火枪的组合,这种组合火焰猛烈,温度高,熔金速度快。此外在焊接和融化高燃点的贵金属(如铂金)时,通常采用高压氧气+高压氢气+专用火枪的组合,这种组合产生的温度可以达到 2000℃以上。根据操作环节的具体要求选择火吹套件的适当组合是有必要的。目前教学用的是风球+汽油壶+小火枪的组合。

(四)焊瓦及焊夹

焊接操作时需将待加工件放在焊瓦上进行加热,焊瓦有防火隔热的作用,使火不会直接烧到工作台面,焊接时还需用焊夹,焊夹主要有八字夹(又称葫芦夹)和焊镊两种(图 9-14)。葫

图 9-14 焊瓦及焊夹

芦夹将工件相对固定在焊瓦上,使工件不移动。焊镊可以进行分焊,夹持焊料到焊接位,在焊接过程中可以用来搅拌焊料,使焊料均匀。

(五)焊接材料的使用

根据焊剂熔化温度的高低,可分为高焊、中焊和低焊。高焊通常用于工件最初的焊接,包括较大部件的基本焊接;中焊往往是在高焊之后使用;低焊的熔点较低,熔化后具有较好的流动性,多用于高焊、中焊之后,通常用来焊接一些细小的地方。

(1)焊料。又称焊片,与被焊接材料色泽相同或相近,与被焊接材料具有相近的强度和塑性。用焊枪的火焰将它熔化成焊珠,用焊夹将焊珠放在焊缝处,用焊枪将焊珠熔化在接缝中,待冷却后接缝就焊接上了。焊料的金属成分要与焊件的金属成分基本相同,通常属于合金。同种成分的焊料又分为高焊、中焊和低焊。同一件贵金属首饰往往有多处需要焊接,为了避免在焊接后面的焊缝时将前面已焊好焊缝熔化,就要采用不同熔点的焊料,高焊通常用于工件的最初焊接,中焊往往是在高焊之后使用,低焊多用于高焊、中焊之后的焊接。目前,生产中使用的各种焊料一般不需要自己配制,有专门生产厂家提供,操作者只需要合理选用。

(2)硼砂。通常有生硼砂和熟硼砂之分。生硼砂在熔金时使用,它起到助熔作用。熟硼砂是用来增强焊液的流动性,同时还可以起到防焊件氧化和清洁焊件的作用。

(3)白矾。也就是明矾,主要用来清除焊接过程中粘在贵金属表面上的硼砂,有吸附沉淀污垢的作用,同时还可以去除焊接中生成的金属氧化皮,使首饰的贵金属颜色得到恢复。

六、锉削基本知识

贵金属首饰制作中所用的线材可以通过压片机和拉线板的碾压拉挤得到,也可通过锤打获得。锉削可以根据首饰加工的需要,加工出不同尺寸和形状的线材。另外,锉刀可以改善线材的粗糙度。所以,锉刀的使用是非常频繁的,从事首饰加工就必须掌握锉刀的使用方法,能够通过锉削加工各种线材、首饰平面、卜面等。总之,锉功是首饰制作所应该具备的重要的基本技能之一。

修锉中使用的主要工具是各种型号的锉刀,通常锉平面用平锉,锉曲面用半圆锉,三角锉用于锉沟槽、角落,方锉适合加工直角,圆锉用于加工"U"形位和开圆孔。

七、锉刀的组成(表 9-1)

在首饰制作过程中,需针对贵金属进行锉削加工,即用锉刀对贵金属首饰工件表面进行切削加工,使贵金属首饰工件达到所要求的尺寸、形状和表面粗糙度,我们将这种操作叫"锉削",行业内又简称"锉"。

在锉削贵金属平面、曲面、外表面、内孔、沟槽和各种形状复杂的表面时,需要用到不同型号的锉刀(图 9-15),同时锉刀还可以用来做样板、修整个别零件的几何形状等。

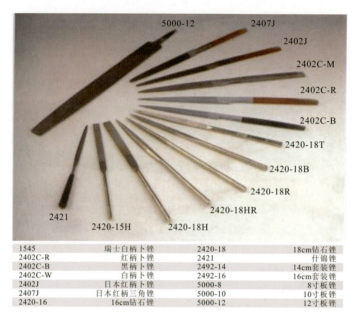

图 9-15 不同型号的锉刀

表 9-1 锉刀的组成

序号	组成部分	说　明
1	锉柄	锉柄一般是圆形、长方形和六角形,可以安装木柄套上,便于握拿
2	锉肩	锉肩没有锉齿,握锉时食指、拇指或中指可以靠在锉肩上
3	主锉纹	以 60°的角度平行左向前排列,起到主要锉削的作用
4	辅锉纹	辅锉纹与主锉纹相交 120°平行排列,可以加速锉削和细化锉痕的效果
5	锉梢端	首饰金工锉的锉梢端一般为尖角形,便于加工细小部位
6	边锉纹	根据加工的要求,有些锉没有边锉纹

八、锉刀的分类及选用

首饰制作运用到的锉刀种类不少,不同的制作工艺工序用的锉刀形状、大小以及锉齿纹粗细都有所区别。例如雕蜡与打版及执模所用的锉刀就有所区别,故而在制作时应该正确地选择和使用锉刀。执模时一般用精细的粗锉及中细锉。

执模用到的锉刀有很多种,按照锉刀的截面形状来对锉刀进行分类和命名,主要有三角锉、半圆锉(卜锉)、圆锉(鼠尾锉)、单面三角锉(竹叶锉)、板锉(扁锉)、方锉、刀形锉等,锉削时应根据金属不同形状的位置选择不同的锉刀,充分利用不同形状锉刀的作用。除了锉刀的截面形状不同外,其实同一种截面形状的锉刀也有尺寸和锉齿纹路大小之分。

首饰制作所用锉刀的锉齿纹疏密决定了加工表面的粗细程度,以 00 至 8 的编号表示疏密,00号最疏(粗尺),8号最密(细齿)。执模最常用的有1、2、3、4号四种型号,其中红柄卜锉和红柄三角锉属于1号锉,大滑卜锉则属于4号锉,其他形状的锉刀都属于2号和3号锉。在执模中我们习惯将红柄卜锉和红柄三角锉称为"粗锉",2号和3号锉分别为"中锉"和"细锉"。首饰制作所用的锉刀,通常只有140、180、200mm三种尺寸规格。

如此多的锉刀可以满足加工的需要,在执模时应根据首饰工件的形状、大小,及成型和修饰目的来选择不同形状和粗细大小的锉刀,使加工效果明显并符合质量要求。粗锉一般用于锉制首饰工件的雏形或首饰整形,中锉的作用在于细化粗锉加工时留下的粗糙明显锉痕,而细锉的作用则在于修饰首饰最终尺寸和使首饰工件表面产生细滑的效果。

在使用锉刀时,金属粉末会堵塞在齿缝中,尤其是细密的锉更易被金属粉末堵塞,因此,要常清理齿面。清理方法是:粗齿锉可用薄片刮拨清理,而细齿锉则用细钢丝刷清理。锉面应避免被机油污染,也要避免沾上水,以防生锈。

九、常用不同锉刀的加工用途

(一)红柄三角锉

适用范围:锉制首饰的雏形或首饰整形开光,适合锉制首饰的内三角、方角和平面等(图9-16)。

图9-16 红柄三角锉

(二)红柄卜锉

适用范围:锉制首饰的雏形或首饰整形开光,适合锉制首饰的平面、弧面,尤其是戒指和手镯的内圈等(图9-17)。

图9-17 红柄卜锉

(三)三角锉

适用范围:适合锉制首饰的内三角、方角、圆角,也可用于加工首饰的细小平面或锉毛刺等(图9-18)。

图9-18 三角锉

(四)半圆锉(卜锉)

适用范围:锉半圆槽、弧面,尤其适合锉制戒指和手镯的内圈等(图9-19)。

图9-19 半圆锉

(五)单面三角锉(竹叶锉)

适用范围:锉制平面、方角、首饰夹层框、内角的某一单边等(图9-20)。

图9-20 单面三角锉

十、打磨工具

经过修锉后的工件,难免会留下锉痕。另外,有些"拐弯抹角"的地方是锉刀锉不到的,需要用砂纸进行进一步的修整,打磨的工具主要是吊机、砂纸棒、尖砂纸、飞碟、扫针等。

砂纸棒主要用来配合吊机对戒指圈的内圈和外圈进行打磨,打磨时,砂纸棒应紧贴着戒指圈,沿着戒圈的弧度来回运动,运动速度要与吊机的转速相适应。砂纸在戒圈上一次移动的距离应适当大一些,避免因一点一点地打磨而留下砂纸打磨的痕迹。

对一些凹进去的地方,或者镶口花饰的内侧较小的地方,则需要使用尖砂纸进行打磨(图9-21)。在打磨之前,应先用细扫针将它扫平(图9-22),使用扫针时,要注意吊机的转速不能过快,要慢速而均匀地扫,若转速过快,有可能因转速过快使扫针滑到其他地方,同时转速过快会导致扫针发热而钝化,扫平后再用尖砂纸将它打磨光滑。

飞碟主要用来处理夹缝和"拐弯抹角"处(图9-23、图9-24),"拐弯抹角"的地方一般是两个面相交的地方,尖砂纸无能为力,只有利用飞碟来进行打磨,打磨时要注意,飞碟的大小应基本与被打磨的地方大小一致。由于飞碟较软,力度不好控制,很难打磨出平面的效果,所以在打磨时,不要大面积打磨,尽量只打磨相交的地方,以免留下打磨痕迹。

图9-21 利用尖砂纸打磨凹面

图9-22 利用扫针打磨花饰内侧

图9-23 夹缝

图9-24 利用飞碟打磨"拐弯抹角"处

十一、常用的夹具、量具

(一)常用的夹具

常用的夹具是指通用夹具,它可以分为两类:一类是夹持工件的夹具,有各种镊子、各种手钳和木夹钳、火漆碗等;另一类是夹持刀具的夹具,有各种索咀(又称柄把),以及与吊机配套使用的执模机头和镶石机头。

(二)度量工具

首饰制作工艺是精致的工艺,所以用来量度的工具也十分精密。常用的度量工具有钢板尺、游标卡尺、电子卡尺、戒指手寸、戒指圈、电子天平等(图9-25)。

戒指手寸(也称指棒)是用来测量戒指内圈的大小的度量工具。这种戒指手寸多是铜制的,戒尺顶端细,向底部渐渐增粗,并在上面刻有刻度,不同国家使用不同的刻度,常见的有美度、港度、日本度、意度、瑞士度等。

戒指圈(也称指环)主要用来测量手指的粗细。它是由几十个大小不同的金属圆圈所组成,每个圈上都有刻度,用以表示它们的尺寸大小。

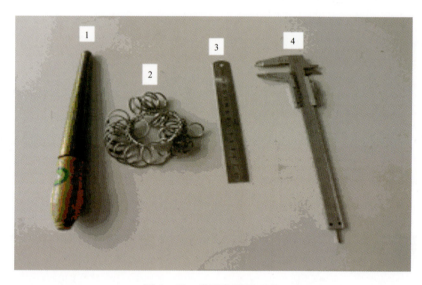

图9-25 常用的度量工具
1-戒指手寸;2-戒指圈;3-钢板尺;4-游标卡尺

十一、锤打工具

(一)锤子

锤子在首饰制作行业中用处很大,即使有压片机,敲打的程序也不可缺少,因此用锤子的机会仍然很多。锤子是锤打材料的主要工具,规格有多种,常用的锤除铁锤外,还有皮锤、木锤、胶锤等,按形状分有平锤、圆头锤、尖嘴锤等(图9-26)。铁锤主要用来敲打金属,或用于打出戒指圈的雏形,还可配合戒指铁、砧等工具敲打,小的钢锤用于镶石。如果要避免在金属表面留下敲打的痕迹,可以用皮锤、胶锤或木锤敲打。锤子的头部周边要低,中间略凸,锤面光滑,使用时因人而异,以手感合适、锤打作用明显为好。

图 9-26 不同类型的锤子
1-铁锤；2-小钢锤；3-胶锤；4-皮锤

(二) 砧类

砧是配合铁锤使用的重要工具，主要用来支撑敲击金属工件(图 9-27)。砧的形状多种多样，有四方形的平砧，它主要用作敲击工件的垫板；也有形似牛角的铁砧，它可用来敲打弯角、圆弧。坑铁也属于砧的一种，它有大小不同的凹槽，还有各种尺寸的圆形和椭圆形凹坑(俗称窝位)，主要用来加工半圆的工件。与坑铁相近的有条模，它上面有各种半圆形、圆锥形凹槽，并有各种图案。另外，还有铁质或铜质窝砧，它上面有一些大小不一的半球状凹坑，有的侧面还有半圆槽口，主要用来加工半球形或半圆形工件，与窝砧配合使用的是一套球形冲头，称为窝作。

图 9-27 砧类
1-四方小平砧；2-坑铁；3-条模；4-窝砧；5-窝作

(三)戒指铁、厄铁(图9-28)

戒指铁是一支锥形实心铁棒,在将戒指修改圈口或整圆时,可将戒托放在戒指铁上敲击。与戒指铁类似的有直径比它大的厄铁,用于手镯制作。

(四)剪子(图9-29)

剪子主要用来分割大而薄的片状工件,厚而复杂的工件不宜用剪。

图9-28 戒指铁和厄铁
1-厄铁;2-戒指铁

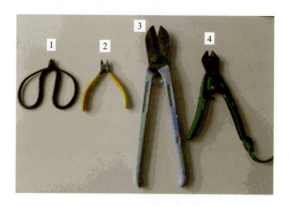

图9-29 各种剪子
1-黑柄剪刀;2-剪钳;3-直剪;4-斜剪

(五)钳子(图9-30)

钳子的形状有很多种,各种钳子的用途也有区别,常用的钳子有尖嘴钳、圆嘴钳、平嘴钳、

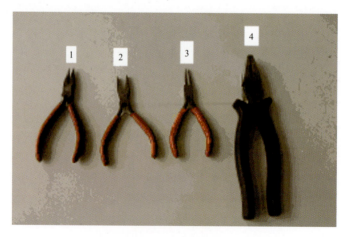

图9-30 各种钳子
1-尖嘴钳;2-圆嘴钳;3-平嘴钳;4-拉线钳

拉线钳等。圆嘴钳和平嘴钳主要用来扭曲金属线和金属片，平嘴钳有时也用来把持细小的制品，使之易于操作，有时也用于镶嵌宝石。拉线钳其实是一般的五金大钳，在首饰制作中用来拉线和剪断较粗的金属线。除上述钳子外，还有木戒指夹。它主要用来夹住金属托镶石指夹，木戒指夹不会在精加工的首饰表面留下任何痕迹。

第二节 常用量具的使用方法——游标卡尺

游标卡尺是一种常用的量具（图9-31），具有结构简单、使用方便、精度中等和测量的尺寸范围大等特点，可以用它来测量零件的外径、内径、长度、宽度、厚度、深度和孔距等，应用范围很广。

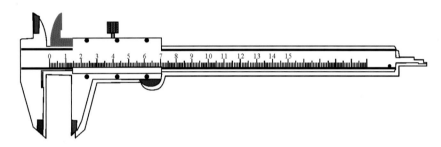

图9-31 游标卡尺

一、游标卡尺的结构组成

游标卡尺由主尺和副尺（又称游标）组成。主尺与固定卡脚制成一体；副尺与活动卡脚制成一体，并能在主尺上滑动。游标卡尺有0.02、0.05、0.1mm三种测量精度。

二、游标卡尺的读数方法

（1）游标卡尺是利用主尺刻度间距与副尺刻度间距读数的。以0.02mm游标卡尺为例（图9-32），主尺的刻度间距为1mm，当两卡脚合并时，主尺零线刚好等于副尺零线，副尺的数字刻度为小数点第一位，每个数字刻度之间有5个小格，每小格为0.02mm，为小数点第二位。

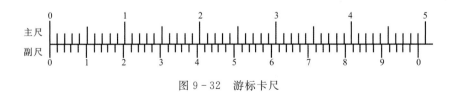

图9-32 游标卡尺

（2）游标卡尺读数分为三个步骤，下面以图9-33所示0.02mm游标卡尺的某一状态为例进行说明。

在主尺上读出副尺零线以左的刻度,该值就是最后读数的整数部分,图示为33mm。副尺上一定有一条刻线与主尺的刻线对齐,在刻尺上读出该刻线距副尺的格数,将它与刻度间距0.02mm相乘,就得到最后读数的小数部分,图示为0.24mm。将所得到的整数和小数部分相加,就得到总尺寸为33.24mm。

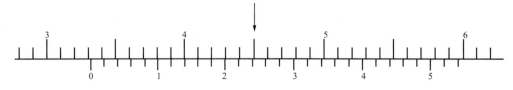

图9-33 游标卡尺读数示例

三、游标卡尺的使用方法

游标卡尺,作为常用的度量工具,一般可以精确到0.02cm,但是其结构比起卷尺、直尺相对要复杂很多。

首先,看副尺"0"的位置,它决定了头两个数位。图中0在3.3cm的后面,即测量物体的内径为3.3cm。

然后观察副尺分度(精确度),就是数与数之间有多少个格,图中有5个格,即精确度为0.02mm。

再看副尺和主尺完全重合的数位,重合部分与1差3格,即重合处为16。每单位为0.02mm,得出最后的数为0.16mm,最后测量出目标的读数为33.16mm。

四、注意事项

使用游标卡尺测量零件尺寸时,必须注意下列几点:

(1)测量前应把卡尺揩干净,检查卡尺的两个测量面和测量刃口是否平直无损,把两个量爪紧密贴合时,应无明显的间隙,同时游标和主尺的零位刻线要相互对准。这个过程称为校对游标卡尺的零位(图9-34)。

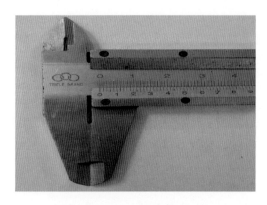

图9-34 校对游标卡尺的零位

(2)移动尺框时,活动要自如,不应有过松或过紧的问题,更不能有晃动现象。用固定螺钉固定尺框时,卡尺的读数不应有所改变。在移动尺框时,不要忘记松开固定螺钉,亦不宜过松以免掉了。

(3)当测量零件的外尺寸时:卡尺两测量面的连线应垂直于被测量表面,不能歪斜。在测量时,可以轻轻摇动卡尺,放正垂直位置(图9-35、图9-36)。先把卡尺的活动量爪张开,使量爪能自由地卡进工件,把零件贴靠在固定量爪上,然后移动尺框,用轻微的压力使活动量爪接触零件。如卡尺带有微动装置,此时可拧紧微动装置上的固定螺钉,再转动调节螺母,使量爪接触零件并读取尺寸。决不可把卡尺的两个量爪调节到接近甚至小于所测尺寸,并把卡尺强制地卡到零件上去。这样做会使量爪变形,或使测量面过早磨损,使卡尺失去应有的精度。

图9-35 游标卡尺测量物体厚度　　　图9-36 游标卡尺测量物体直径

(4)用游标卡尺测量零件时,不允许过分地施加压力,所用压力应使两个量爪刚好接触零件表面。如果测量压力过大,不但会使量爪弯曲或磨损,且量爪在压力作用下会产生弹性形变,使测量得到的尺寸不准确(外尺寸小于实际尺寸,内尺寸大于实际尺寸)。在游标卡尺上读数时,应水平方向握拿卡尺,朝着亮光的方向,人的视线尽可能和卡尺的刻线表面垂直,以免由于视线的歪斜造成读数误差(图9-37、图9-38)。

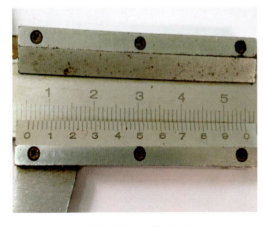 

图9-37 错误示范　　　　　　　　图9-38 错误示范

为了获得正确的测量结果,可以多测量几次,即在零件的同一截面上的不同方向进行测量。对于较长零件,则应当在全长的各个部位进行测量,务必获得一个比较正确的测量结果。

课后练习题

一、填空题

1. 在首饰制作的过程中,有时候需要使用一些金属薄片,这时就需要用到_____机。
2. _____是拉丝操作的主要工具。
3. 吊机机针的形状主要有：_____、_____、_____、_____等。
4. 焊接采用的焊具是组合焊具,包括_____、_____、_____。
5. 焊接操作时需将代加工件放在_____上进行加热。
6. 修锉中使用的主要工具是各种型号的锉刀,通常锉平面用_____,锉曲面用_____,三角锉用于锉沟槽、角落,_____适合加工直角,用于加工"U"形位和开圆孔。
7. 打磨的工具主要是_____、_____、_____、飞碟、扫针等。
8. 对一些凹进去的地方,或者镶口花饰的内侧较小的地方,则需要使用_____进行打磨。
9. 常用的度量工具有钢板尺、_____卡尺、_____卡尺、戒指_____、戒指圈、电子天平等。
10. 钳子的形状有很多种,各种钳子的用途也有区别,常用的钳子有_____、_____、_____、拉线钳等。
11. 游标卡尺有_____、_____、_____三种测量精度。
12. 以0.02mm游标卡尺为例,主尺的刻度间距为_____mm,当两卡脚合并时,主尺零线刚好等于副尺_____,副尺的数字刻度为小数点第_____位,每个数字刻度之间有_____个小格,每小格为_____mm,为小数点第二位。

第十章　初级制版、执摸、镶石实训的操作实例

第一节　包镶戒指实训的操作实例——制版

一、学会分析设计图纸

首先要分析图纸上的正面图,从正面图上了解宝石尺寸、数量还有宝石的镶嵌方法。接着分析侧视图,从侧视图上了解戒指的手寸大小、戒指高低层次感和具体的尺寸要求。

实训过程必须完成各个步骤:开材料、制作镶口、制作戒指臂、组合焊接戒指、敲打戒指修形状。这一过程要求学习者熟练掌握包镶戒指的操作步骤中工具的使用,以及实训中的重点、难点和注意事项。

二、准备材料,分类操作步骤

（一）开材料

开材料的步骤为:按照图纸比例用卡尺量好镶口、戒指圈所要的材料。再用剪钳剪出长度相同的材料(图10-1)。注意留意材料的长度、宽度是否准确。

图10-1　利用卡尺量好尺寸再用剪钳剪出材料

(二)制作包镶镶口

制作包镶镶口步骤为:先用焊枪把制作镶口的材料退火,退火之后用尖嘴钳夹住材料,用圆嘴钳将材料钳弯成弧形(图 10-2);并利用圆嘴钳把镶口形状弯出来(图 10-3);按照图纸要求的尺寸调整好镶口的形状(图 10-4);将镶口加热,放上硼砂、焊料进行焊接(图 10-5);然后利用大卜锉修整好镶口(图 10-6);镶口边缘用大三角锉刀修外斜 0.3mm(图 10-7)。

图 10-2 左手用尖嘴钳固定,右手用圆嘴钳弯出弧形

图 10-3 左手用尖嘴钳固定,右手用圆嘴钳弯出镶口形状

图 10-4 将镶口放在圆嘴钳上,用尖嘴钳调整形状

图 10-5 将镶口摆放在焊瓦,利用硼砂、焊料进行焊接

图 10-6 左手用尖嘴钳固定镶口,握大三角锉修圆镶口

图 10-7 左手用尖嘴钳固定镶口,右手握大三角锉将镶口边锉外斜 0.3mm

(三)制作戒圈

制作戒圈的步骤为:把戒圈材料退火后放在方铁上用铁锤敲打材料两头(图 10-8);材料两头敲打长度在四分之一的位置,弯出戒圈形状(图 10-9);右手用尖嘴钳把戒指两头弯出外弧度,配合戒指铁敲打(注意:力度大小要控制好,戒指圈形状顺畅)(图 10-10);再用大卜锉修锉好戒指形状(图 10-11、图 10-12)。

图 10-8　材料摆放在方铁上，右手握铁锤敲打两头

图 10-9　左手用尖嘴钳固定工件，右手握圆嘴钳将工件弯出圆形

图 10-10　左手用尖嘴钳夹住，右手握圆嘴钳把两头弯出弧度

图 10-11　左手握工件固定台木，右手握大卜锉修两侧

图 10-12　左手握工件固定台木，右手握大卜锉修正面

（四）组合焊接戒指

组合焊接戒指的步骤为：把制作好的镶口跟戒指臂组合在一起（图 10-13）；调好焊接位置，将接触位焊接好（图 10-14）；过程火力调节适当，焊料不能过多或太少，应适当调配；焊接之后将工件投放到白矾煲里煮白矾水（图 10-15）。

图 10-13　将镶口摆放好，夹稳、固定在戒指上

图 10-14　工件摆放在焊瓦上，右手握焊夹，用焊料焊接好

图 10-15　工件摆放在白矾煲，左手握焊枪烧煮白矾水

(五)敲打戒指,修整戒指形状

修整戒指形状的步骤为:用大卜锉把戒圈内圈锉顺,多余的焊料锉掉(图10-16);把制作好的戒指放在戒指铁上,用铁锤敲打戒指成圆形(图10-17);再把戒指侧面跟边缘锉顺至光滑(图10-18、图10-19、图10-20)。

图10-16 左手握工件固定台木,右手握大卜锉进行修整

图10-17 左手握工件固定台木,右手握大卜锉修两侧

图10-18 戒指摆放在戒指铁上,右手握铁锤柄敲打戒圈

图10-19 左手握戒指在台木上,右手握大卜锉修戒臂

图10-20 左手握工件固定台木,右手握大卜锉修戒底两侧

三、注意事项

(1)按照图纸上尺寸大小开材料。
(2)镶口要根据宝石大小做。
(3)焊接位要清晰标准。
(4)焊接戒指时,要适当调配焊料和硼砂。

课后练习题

一、单项选择题

1. 金属在成形之前,必须先将金属( )。
 A. 回火　　　B. 退火　　　C. 磨光
2. 白银的摩氏硬度为( )。
 A. 1.43　　　B. 0.43　　　C. 2.5　　　D. 4
3. 将金属材料钳弯一般用哪两把钳子?( )
 A. 扁钳、圆嘴钳　　　B. 尖嘴钳、老虎钳　　　C. 尖嘴钳、圆嘴钳
4. 在焊接包镶镶口的过程中,焊接的部位要采用( )操作。
 A. 老焊　　　B. 流焊　　　C. 滑焊
5. 在敲打戒指内圈手寸成形时一般采取什么方法?( )
 A. 利用尖嘴钳慢慢弯钳好形状
 B. 先用大卜锉修好戒指内圈,再把戒指摆放在戒指铁利用铁锤手柄敲打
 C. 先用大铁锤敲打,再用小铁锤敲打

二、判断题

1. 设计图纸上标明1∶1尺寸的图纸,开材料时尺寸可以开大一倍。( )
2. 焊接完每个配件,煲白矾水不需要浸泡清水。( )
3. 在修锉戒指内圈时可以用大三角锉刀。( )
4. 制作完的工件尺寸大小如跟图纸符合则不需要考虑镶嵌。( )
5. 包镶镶口内径直接跟宝石大小一致。( )
6. 整体造型结构要求层次分明,立体感强。( )

第二节　包镶戒指实训的操作实例——执模

一、砂纸尖的制作

砂纸尖主要用于执省首饰表面较小的内弧或外弧的弧面和圆爪。砂纸尖的制作流程为:用已裁好的砂纸条的背面放在台塞上用双手左右向下拉动,将砂纸拉卷曲(图10-21、图10-22),然后在砂纸正面的右下角先卷出一个角度20°～30°的圆锥形状(图10-23),再捏住圆锥尖部将砂纸卷至与下方砂纸边垂直(图10-24),再用剪刀沿着砂纸尖的边剪下,在砂纸尖大头的位置剪出等边的三角形(图10-25),用剪刀将剪出的砂纸塞进内部,最后塞上钻石针配合使用(图10-26～图10-28)。注意:做好后的砂纸尖同样保持在20°～30°之间,尖部要尖

钻石针要能塞紧。

图10-21 左、右手各捏住砂纸的两头,摆放在台塞上,左、右拉动砂纸

图10-22 把砂纸拉动成卷曲状

图10-23 左手握着砂纸,右手卷出一个20°的角度

图10-24 右手捏住圆锥尖部将砂纸卷至与下方砂纸边垂直

图10-25 左手握紧砂纸尖,右手握剪刀把砂纸剪出等边三角形

图10-26 左手握紧砂纸尖,右手握剪刀将剪出的砂纸往内塞紧

图10-27 右手握剪刀把砂纸尖边塞顺

图10-28 右手拿车针塞进砂纸尖使其连成一体

(一)砂纸棍的制作

砂纸棍主要用于戒指内圈、外弧形戒指臂和首饰表面上较大的内弧或者外弧面的执模工具。砂纸棍的制作流程为:先将裁好的砂纸条拉卷曲,然后用废旧的针对齐砂纸边包着针卷一段(图10-29),张开砂纸在砂纸面粘上透明胶,再将针粘住约针的总长度的三分之二,露出三分之一且露在右边(图10-30);抓住针向前卷动砂纸,在砂纸棍底部做出漩涡形状(图10-31),用剪刀剪去一个角,避免砂纸张开,再用戒指铁边压边推砂纸棍,使砂纸棍紧凑结实(图10-32、图10-33);最后用透明胶粘上(图10-34)。注意:砂纸与针必须紧凑,砂纸向前延伸,针在右边,卷动的方向要正确。

图10-29 左手握住卷曲的砂纸,右手用废针包着砂纸卷一段

图10-30 把透明胶贴在砂纸上,再用车针粘贴在一块

图10-31 左手握砂纸,右手握车针顺着方向把砂纸卷成漩涡状

图10-32 左手握紧砂纸棍,右手拿剪刀把砂纸剪去一个斜角

图10-33 左手用压着砂纸棍摆放在桌面,右手利用戒指铁把砂纸棍压实、堆紧

图10-34 左手握紧砂纸,右手用透明胶把砂纸棍贴几圈

(二)砂纸飞碟的制作

砂纸飞碟主要用于首饰上转角、小的平面、缝隙和一些窄的死角位的修整。砂纸飞碟的制作流程为：先在平直的砂纸条上剪出正方形的砂纸（图10-35）；再用飞碟夹的螺丝在砂纸正面的正中心扎进去，再拧上螺丝（图10-36～图10-38）；将飞碟上在吊机上踩动吊机，并垂直轻敲飞碟的螺丝使砂纸夹紧（图10-39）；踩动吊机，保持砂纸面与台塞平行并接触一部分，利用尾指靠在桌边保持吊机平稳（图10-40）；左手靠在台塞上抓住钢针与砂纸面呈约70°的夹角扎下砂纸，针扎在台木上卡住多余的砂纸，做出一个形似飞碟的标准的圆形砂纸（图10-41～图10-45）。注意：两手要保持稳定不能晃动，钢针必须用三个手指抓紧，扎飞碟时要扎到底，尽量扎在台塞上使多余的砂纸不飞出来，砂纸飞碟使用时尽量远离手指。

图10-35　准备正方形砂纸、砂纸夹、钢针工具

图10-36　拧开砂纸夹螺丝

图10-37　右手握砂纸夹螺丝，左手将正方形砂纸扎进螺丝

图10-38　将螺丝夹稳砂纸夹

图10-39　右手握吊机转动吊机，压实砂纸夹

图10-40　右手握吊机将砂纸夹摆放台塞保持吊机平稳

图10-41 左手握钢针，右手握吊机磨尖钢针

图10-42 左手握钢针摆放砂纸夹边缘扎穿砂纸

图10-43 左手用钢针扎砂纸，扎出圆形砂纸圆圈

图10-44 左手握钢针，右手握吊机砂纸夹

图10-45 右手握吊机头，检查砂纸夹圆不圆

（三）砂纸推木的制作

砂纸推木主要用于执省首饰上较大的平面或平面的戒指臂。砂纸推木的制作流程为：准备完整的砂纸、边角清晰的长方形木板和钢针（图10-46）；木板对齐砂纸边平放在平整的桌面上，砂纸居中（图10-47）；按住木板，用钢针顺着木板的边并用写字的力度划动砂纸（图10-48）；划完后将砂纸贴住木板一同掀起打竖，再用钢针沿着木板的边划动砂纸并将整张砂纸折完（图10-49～图10-53）；将砂纸包住木板再用透明胶粘住砂纸（图10-54、图10-55）。注意：划砂纸时不可用力过猛，否则会划穿砂纸，砂纸要紧贴木板，砂纸的边角要清晰。

图 10-46 准备 320# 砂纸，推板一块

图 10-47 砂纸平摆在桌面上，两手握木板对齐角度

图 10-48 左手按住木板，右手用钢针刻划砂纸

图 10-49 摆放平整，两手按着推木板，两头对齐

图 10-50 左手按着木板，右手用钢针划动砂纸

图 10-51 左手按着木板，右手用钢针划动砂纸

图 10-52 折叠摆平砂纸，用力均匀刻划

图 10-53 折叠摆平砂纸，用力均匀刻划

图 10-54 推木折好，利用透明胶粘贴木板两头

第二部分　首饰加工技术实操知识

图 10-55　推木折好,利用透明胶粘贴木板两头

二、包镶戒指执模实训的操作实例

(一)戒指整形

戒指整形是指将戒指套入戒指铁内,并用手将戒指摆放端正,用铁锤的木柄敲击戒指臂检查戒指内圈是否与戒指铁紧贴,若戒指内圈与戒指铁不吻合,则用铁锤的木柄敲打戒指内圈与戒指铁透光的位置,使两者贴合即可(图 10-56、图 10-57)。注意:敲打时不能敲击戒指镶口。

图 10-56　左手握戒指铁固定戒指,　　图 10-57　戒指穿过戒指铁,右手挡着
　　　右手用铁锤木柄敲击戒臂　　　　　　　　　光线,检查透光位置

(二)锉戒指

锉戒指是指将戒指各部位进行表面处理,使戒指平整、顺畅。流程为:戒指的内圈用卜锉的弧面修整,使内圈顺畅(图10-58);用三角锉将戒指的镶口侧面和戒指侧面的平面,进行锉顺处理,两侧弧位使用卜锉的弧面来修整(图10-59～图10-62);戒指臂、镶口位及旁边的平面可用卜锉把粗糙位锉干净顺畅(图10-63、图10-64);若戒指有较大的砂窿,则需要进行修补。

图10-58　左手把戒指固定在台塞上,右手用大卜锉修内圈

图10-59　左手把戒指固定在台塞上,右手握三角锉将镶口外侧修顺

图10-60　左手把戒指固定在台塞上,右手用三角锉修死角位

图10-61　左手把戒指固定在台塞上,右手用三角锉修平戒臂两侧

图10-62　左手把戒指固定在台塞上,右手用大卜锉修整弧面

图10-63　左手把戒指固定在台塞上,右手用卜锉修平正面戒指臂

图 10-64　左手握工件固定在台塞上，右手用大卜锉修戒臂

(三) 省砂纸

省砂纸的流程为：用 320# 或 400# 的砂纸做砂纸棍、砂纸推木、砂纸尖等工具；戒指的内圈用砂纸棍省顺滑透彻（图 10-65）；镶口两侧的夹角位用砂纸飞碟飞透彻、飞清晰（图 10-66、图 10-67）；再用砂纸尖将镶口内侧和外侧执顺，注意镶口的形状和厚度（图 10-68、图 10-69）；戒指臂两侧弧形凹位可以用砂纸棍省顺滑，再用砂纸推木将两边的戒指臂侧面推顺、推平（图 10-70、图 10-71）；用砂纸棍先将镶口边和镶口两边的戒指臂的面执顺，然后顺势将整个戒指臂执顺（图 10-72～图 10-74）。特别注意：整个戒指臂的面必须顺畅，不能留下波浪面。

图 10-65　把工件固定在台塞上，右手用砂纸棍执戒指内圈

图 10-66　把工件固定在台塞上，右手用砂纸夹把镶口执光滑

图 10-67　把工件固定在台塞上，右手用砂纸夹执死角位

图10-68 把工件固定在台塞上，右手用砂纸尖执镶口外侧

图10-69 把工件固定在台塞上，右手用砂纸尖执镶口内侧

图10-70 把工件固定在台塞上，右手用砂纸棍执镶口死角位

图10-71 把工件固定在台塞上，右手握推木把戒指两侧推平

图10-72 把工件固定在台塞上，右手用砂纸棍执镶口面

图10-73 把工件固定在台塞上，右手用砂纸棍执戒指臂

图10-74 把工件固定在台塞上，右手用砂纸棍执戒指底臂

四、包镶戒指执模的注意事项

(1) 执戒指的外圈时注意力度,避免出现大小边和波浪面。
(2) 省砂纸两侧时注意戒指的弧度,弧度两端的角位线条要对称、流畅。
(3) 执省镶口外圈时注意力度以免镶口出现大小边或变形。

课后练习题

一、填空题

1. 砂纸棍主要用于戒指内圈、外弧形_____和首饰表面上较大的内弧或者外弧面。
2. 砂纸尖主要用于执省首饰表面较小的_____或_____的弧面和圆爪。
3. 砂纸飞碟主要用于首饰上转角、小的平面、缝隙和一些窄的_____。
4. 砂纸推木主要用于执省首饰上较大的平面或平面的_____。
5. _____、镶口位及旁边的_____可用卜锉把粗糙位锉干净顺畅。
6. 戒指臂两侧弧形凹位可以用_____省顺滑,再用_____将两边的戒指臂侧面推顺、推平。
7. 执戒指的外圈时注意力度,避免出现_____和_____。
8. 省砂纸两侧时注意戒指的_____,弧度两端的角位线条要_____、_____。
9. 戒指的内圈用_____省顺滑透彻。
10. 执省镶口外圈时注意力度以免镶口出现_____或_____。
11. 戒指臂、镶口位及旁边的平面可用_____把粗糙位锉干净顺畅。
12. 若戒指内圈与戒指铁不吻合,则用铁锤的_____敲打戒指内圈与戒指铁透光的位置,使两者_____即可。
13. 划砂纸时不可用力过猛,否则会划穿砂纸,砂纸要_____木板,砂纸的边角要_____。

二、实训题

按老师要求完成任务及各项标准要求。

第三节　珠宝首饰加工技术初、中、高资格考试——镶石

镶石是首饰制造业中的一个重要环节,是紧接执模后的一个重要工艺制作过程,其制作工艺质量直接体现首饰工艺和欣赏艺术水平,是整件首饰款式给人美学感观的直接体现,所以镶石质量的好坏直接影响整件首饰的质量,镶石标准的制定是一个重要的课题。镶石主要包括迫镶、爪镶、包边镶等镶石方法。

镶石,顾名思义,就是把石头(主要指钻石和各种有色宝石)镶嵌到首饰上,使首饰达到更完美效果。我们知道,首饰种类繁多,包括戒指、耳环、颈链、吊坠、衫针、手厄、手链等。但是每一种镶石技术在各种首饰制作上的运用是大同小异的。虽然每种镶石的方法工艺有所不同,但工艺过程一般都要经过:固定首饰→镶石→卸下首饰清洗这三个步骤。在这三个制作步骤中,除了第二步镶石不同之外,其他两个步骤在各种镶石工艺过程中大同小异,所以本书作者在介绍几种镶石方法时将重点放在镶石这一步骤中。这里先介绍一下这两个步骤的制作过程,接着介绍各种镶石方法的工艺流程及技术指导。

(1)固定首饰。先用火枪灼烧火漆使首饰变软。如果要镶首饰为戒指时,用烧软的火漆缠绕在圆木棒上部,然后把戒指安装在火漆里,用火漆包实戒指,只留出石位,然后将戒指放进水里冷却,使火漆凝固以致紧紧固定戒指。如果所镶首饰为手厄或手链、项链时,将烧软的火漆铺满在木垫上(一般是方形小板块),然后把手链(手厄、项链)平放在火漆面上(注意手链、手厄及项链一定要放平)。火漆层的厚薄一般视首饰本身的大小而定,标准是火漆包围住首饰只留出石位。

(2)卸下首饰清洗。所有的宝石全部镶好后,下一步就是用火枪烧软火漆,将首饰从木棒或木板上卸下来,将粘在首饰上的火漆尽量除掉,然后将首饰放在天拿水里的筛子里清洗,去掉残留的火漆,并把首饰从天拿水上筛子里面取出,放进清水里洗掉天拿水,最后取出首饰用干布擦干净。

一、最常见的资格考试镶嵌工艺介绍

(一)爪镶

这是镶嵌工艺中最常见而且操作相对简单的一种工艺。爪镶就是用金属爪将宝石扣牢在托架(镶口)上的方法。爪镶又分单粒镶和群镶两种,单粒镶即只在托架上镶一粒较大宝石,群镶可衬托和体现主石的光彩与价值。

(二)迫镶

迫镶又称为轨道镶、夹镶或壁镶,它是在镶口侧边车出槽位,将宝石放进槽位中,并打压牢固的一种镶嵌方法。高档首饰的副石镶嵌常用此法。另外一些方形、梯形钻石用迫镶法来镶嵌效果极佳。

(三) 包镶

包镶也称为包边镶，它是用金属边将宝石四周都圈住的一种工艺，多用于一些较大的宝石，特别是拱面的宝石，因为较大的拱面宝石用爪镶工艺不容易将它扣牢，而且长爪又影响整体美观。

二、镶嵌中常用工具及其作用（表 10-1）

表 10-1 镶嵌中常用工具及其作用

工具	作用
小铁锤、小钢凿	用于敲打，延展金属，多用在包镶、迫镶中
各式锉刀	主要用于修整镶嵌之后留下的一些痕迹
尖嘴钳	用来将金属爪靠到宝石上，使之牢固
剪钳	用于将高出宝石台面的爪剪去
AA 夹	用于夹取各式宝石放镶口中
油石、钢针	用来磨制平铲针、三角针
双头索钳	用于固定各种钢针
毛刷	用于清扫工件、收集加工过程中产生的粉料
硬毛刷（牙刷）	用于清除宝石与镶口之间的杂质，如橡皮泥等
橡皮泥	用于将宝石暂时固定在镶口上
火漆棒	用来固定待加工的对象，对一些易变形的吊件、排链、耳钉等都非常有效
戒指夹	用于夹住戒指，使它容易手持
天拿水	用于溶解火漆
螺丝弯钩	用于固定火漆棒
吊摩打与各式车针	球针：打钻位 桃针：打钻位、扩大镶口 碟针：打钻位 轮针：打槽位 伞针：打钻位、扩大镶口 牙棒：扩大镶口 吸珠：圆爪

三、镶嵌工艺质量要求

（1）戒面镶嵌要牢固、端正、平直。主石、副石不松动，不能掉爪、掉石，更不能损伤或损坏宝石戒面。

(2)宝石戒面镶嵌在首饰托架后,完整的首饰应保持原模版的协调和美观。托架不能变形,表面不能出现划痕、裂纹、断口等现象。

(3)镶嵌完后的首饰表面要精细抛磨一遍,不能留下明显的锉痕、铲痕,以便抛光加工。

本书采用模拟首饰制造企业中的镶石部门进行组织教学,教学内容与镶石实际工作岗位所需技能相结合,学生操作的质量考核以企业的实际要求为标准。

四、学习要求

(1)了解首饰镶嵌技术的涵义及重要性,常见的镶石种类及具体表征;掌握镶石工具的正确使用方法,能运用吸珠、平铲等自制镶石工具。

(2)掌握镶石的基本操作步骤及技巧、操作注意事项。

(3)熟练运用爪镶、迫镶、包镶等镶嵌技法。

(4)掌握镶石的质量要求和镶石的自检步骤方法。

五、初级资格考试镶嵌实训的操作实例:包边镶镶嵌

(一)包边镶的工具材料准备

(1)工具准备:吊机、小铁锤、焊具、火漆棍、迫针、牙针、飞碟针、AA夹、中竹叶锉等。

(2)材料准备:包镶戒指一件,配主石一粒。

(二)任务要求

实训过程必须完成以下步骤:① 量石度位;② 车位;③ 落石;④ 打边;⑤ 锉边;⑥ 铲边。熟练掌握爪镶的操作步骤中工具的使用,以及实训中的重点、难点和注意事项。

(三)操作步骤

1. 量石度位

量石度位是指将宝石放到镶石位度位,宝石的直径刚好遮住镶口边,大约盖住每个边内侧三分之一(图10-75)。注意:宝石的厚度。

2. 车位

车位的步骤为:先用伞针将镶口底部车成上宽下窄,让镶口刚好与宝石的腰部直径一致(图10-76、图10-77);再用飞碟针在镶口周围的边车出卡位,卡位的高度约1mm,深度约是边的三分之一(约0.2mm);如果宝石还比镶口位大,则再稍微车深一点,使宝石与镶石位紧贴(图10-78、图10-79);卡位车好后用毛刷将镶口内的金属碎屑清扫干净(图10-80)。

第二部分　首饰加工技术实操知识

图 10-75　将宝石放在镶口上，宝石遮住镶口不超过三分之一　　图 10-76　用伞针车镶口内壁(一)　　图 10-77　用伞针车镶口内壁(二)

图 10-78　用飞碟在镶口内壁车出卡位(一)　　图 10-79　用飞碟在镶口内壁车出卡位(二)　　图 10-80　用毛刷清理金属碎屑

3. 落石

落石的步骤为：用 AA 夹粘印泥点石面，先斜放入镶石卡位的一边再垂直按下推正，令石面与镶石边平行；用印泥分别将宝石两边稍微粘紧(图 10-81～图 10-84)。

4. 打边

打边的步骤为：用左手拇指、食指、中指将迫针拿好，迫针向外斜约 10°，一个面向宝石内侧斜约 20°，再用中指定在金属边上，让迫针稍微悬浮在金属边上，然后用小铁锤垂直迫针均匀地锤打金属边(图 10-85～图 10-88)。

图 10-81 用 AA 夹粘印泥将宝石粘至镶口

图 10-82 将宝石一边斜放入卡位内

图 10-83 用 AA 夹将宝石的另一边按进卡位内

图 10-84 将宝石推正,在两边粘上印泥暂时固定

图 10-85 追针口向外斜 10°

图 10-86 追针的一面向宝石内侧斜 20°

图 10-87　小锤的捶打面与迫针垂直　　图 10-88　一边锤打迫针一边沿镶口边移动

5. 锉边

打边后要用中竹叶锉稍微将金属边锉顺,要用左手拇指或食指定位,注意不能让锉齿锉到石面(图 10-89、图 10-90)。

图 10-89　用锉刀将金属边锉平整　　图 10-90　金属边平整顺滑

6. 铲边

用磨好的锋利的平铲将金属边内侧挤出多余的金属铲去,要注意顺着金属边的形状铲,厚薄要均匀(图 10-91、图 10-92)。

(四)注意事项

(1)打边要紧贴宝石,金属边要均匀平整。

(2)宝石必须平整,不能有斜石、高低石、松石、烂石、甩石等现象。

(3)正常卡位要深浅、高低一致,钻石卡位一般车边的三分之一;如果是有色宝石,就可以车边的三分之一以上或多一点。无论镶什么石,车卡位时都要按石的大小厚薄而定。

图 10-91 用平铲将镶口内壁毛刺铲去

图 10-92 镶口金属边厚度均匀

课后练习题

一、填空题

1. 镶石主要包括＿＿＿＿、＿＿＿＿、＿＿＿＿等镶石方法。
2. ＿＿＿＿就是用金属爪将宝石扣牢在托架(镶口)上的方法。
3. ＿＿＿＿镶又称为＿＿＿＿镶、夹镶或壁镶，它是在镶口侧边车出槽位，将宝石放进槽位中，并打压牢固的一种镶嵌方法。
4. 包镶实训过程必须完成以下步骤：①＿＿＿＿、②＿＿＿＿、③＿＿＿＿、④＿＿＿＿、⑤＿＿＿＿、⑥＿＿＿＿。
5. 将石放到镶石位度位，宝石的直径刚好遮住镶口边，大约盖住每个边内侧＿＿＿＿。
6. 先用伞针将镶口底部车成上宽下窄，让镶口刚好与宝石的腰部直径一致，再用飞碟针在镶口周围的边车出卡位，卡位的高度约＿＿＿＿mm，深度约是边的＿＿＿＿，约 0.2mm。
7. 用磨好的锋利的＿＿＿＿将金属边内侧挤出多余的金属铲去，要注意顺着金属边的形状铲，厚薄要均匀。
8. 宝石必须＿＿＿＿，不能有＿＿＿＿、＿＿＿＿、＿＿＿＿、＿＿＿＿等现象。
9. 打边后要用中竹叶锉稍微将金属边锉顺，要用左手拇指或食指定位，注意不能让锉齿锉到＿＿＿＿。

二、实训题

按老师给出的题目要求完成相关的操作。

三、简答题

1. 简要写出包镶实训过程必须完成的各个步骤。
2. 列举出包镶操作中使用的工具和注意事项。

第十一章　中级制版、执摸、镶石实训的操作实例

第一节　包镶、爪镶戒指实训的操作实例——制版

一、学会分析设计图纸

制作戒指之前先分析图纸上正面图、侧视图,按照图纸要求完成制作。实训过程必须完成以下步骤:开材料、制作镶口、制作戒指臂、组合焊接戒指、敲打戒指修整形状。同时还要熟练掌握包镶戒指的操作步骤中工具的使用,以及实训中的重点、难点和注意事项。

二、准备材料,分类操作步骤

(一)开材料

开材料的步骤为:按照图纸比例,用卡尺量好镶口、戒指圈所要的材料,再用剪钳剪出长度相同的材料(注意:留意材料的长度、宽度要准确);再把材料摆放在焊瓦上用焊枪加热退火(图11-1、11-2)。

图 11-1　将材料放焊瓦上　　图 11-2　用火枪将材料烧红退火

(二)制作镶口

制作镶口的步骤为:先用大卜锉把做镶口的材料两头锉平,退火之后一头用尖嘴钳夹住材料,用圆嘴钳夹另一头将材料钳弯成弧形(图11-3);利用圆嘴钳跟尖嘴钳再把镶口形状弯出来(图11-4);在焊瓦上把连接口焊接好(图11-5);用牙针或者钻石针在四个角位置分别车出爪的四个槽位,深度是片的三分之一(图11-6);再把备好的爪逐个焊接在镶口上(图11-7、图11-8)。

图11-3 左手用尖嘴钳固定,右手用圆嘴钳弯弧形　　图11-4 弯出蛋形镶口　　图11-5 焊接连接口

图11-6 在镶口四角车出爪的槽位　　图11-7 在槽位上焊上爪(一)　　图11-8 在槽位上焊上爪(二)

(三)焊接圆筒

焊接圆筒的步骤为:将做好的镶口、圆筒摆放在焊瓦上,配好焊料,焊枪调大火烧透配件,在镶口跟圆筒接触位置点一小点硼砂粉,将焊料烧成圆球状放在焊接位置,把整件工件烧透,焊料随即进入镶口与圆筒之间(图11-9);一边焊接好之后再焊接另一边,注意焊接时要将焊枪火力大小调配妥当(图11-10)。

(四)焊接戒指圈

焊接戒指圈的步骤为:戒指臂放在焊瓦上退火冷却之后放在方铁上敲打(图11-11);材料两头在四分之一的侧面位置打扁成刀脾的形状(图11-12);然后用尖嘴钳把戒指臂弯成圆

圈状(图 11-13);退火之后把戒指臂两头扭弯成弧形(图 11-14);再把小块配件弯出弧形,分别焊接在戒指两头(图 11-15);用大卜锉修锉出高低层次感(图 11-16)。

图 11-9　将包镶焊在爪镶镶口的两侧(一)

图 11-10　将包镶焊在爪镶镶口的两侧(二)

图 11-11　用铁锤打扁成刀牌的形状

图 11-12　戒指臂两头捶打对称

图 11-13　左手尖嘴钳固定右手圆嘴钳弯出圆圈状

图 11-14　将戒指臂两头扭弯成弧形

图 11-15　将小配件焊在戒指臂两头

图 11-16　用大卜锉修出高低层次

(五)组合焊接戒指

组合焊接戒指的步骤为:把制作好的戒指臂弯好,保持左、右两边对称(图 11-17);再把镶口跟戒指臂调好位置(图 11-18);接触位置用大卜锉修锉平整、光滑(图 11-19);再摆放在焊瓦上,将戒指臂跟镶口接触位置进行焊接(图 11-20)。

图 11-17　戒指臂两边调整对称

图 11-18　镶口与戒指臂调整焊接位置

图 11-19　将镶口与戒指臂的接触面锉修平长

图 11-20　将戒指臂与镶口焊接

(六)敲打戒指修整形状

敲打戒指修整形状的步骤为:把制作好的戒指放在白矾煲里煮白矾水,戒指表面杂质去除后用清水清洗一遍(图 11-21);用大卜锉修整戒指内圈(图 11-22);再把戒指放到戒指铁上,按照手寸大小要求,用铁锤敲打圆戒指,再把戒指侧面修顺执亮(图 11-23)。

三、注意事项

(1)用游标卡尺量尺寸。
(2)材料规格要按照要求来开取。
(3)爪位的深度要求是镶口边的三分之一,爪大小一致并要对称,不能歪斜。
(4)圆筒要带有稍微的收底效果,左右对称。

图 11-21 将焊接的戒指放在白矾里烧开

图 11-22 用大卜锉修整戒指内圈

图 11-23 用大卜锉修整戒指外形

课后练习题

一、填空题

1. 在锉戒指内圈的时候需要用_____锉刀。
2. 焊接的时候，需控制火候，预热的时候才采用_____的火焰。
3. 焊接的时候，要在工件上加硼砂或者_____再加焊料进行焊接。
4. 焊接需要用_____将工件固定在焊瓦上。
5. 右手下锉时，左手持工件摆放在_____上。
6. 削锉平面工件时一般采取_____锉法。
7. 材料在捶打的时候，首先要采取先_____，来改善金属的机械性能。
8. 正确使用游标卡尺，测量尺寸误差应该控制在_____。
9. 焊接镶口需要开爪槽，开槽位应该控制在镶口_____深度。
10. 焊接工件要求做到_____、_____、_____。

二、单项选择题

1. 足银焊料主要用于（　　）。
   A. 各种银饰品的焊接，925银饰品除外
   B. 各种银饰品的焊接，千足银饰品除外
   C. 925银饰品的焊接
   D. 525银质摆件以及铂银饰品的焊接
2. 锯弓的基本操作方法是齿尖向下，并与工件（　　）。
   A. 成65°角，运锯时尽量用弱力　　B. 成30°角，运锯时尽量用强力
   C. 垂直，运锯时用力均匀　　D. 成45°角，运锯时尽量用强力
3. 焊接重复比较多的品种时，（　　）操作。
   A. 先焊的部位要采用滑焊　　B. 后焊的部位要采用老焊

C. 后焊的部位要采用快焊　　　　　D. 先焊的部位要采用快焊
4. 进行锯弓放样定型时,应注意前弓臂的夹角要稍大于( )。
A. 100°　　　B. 120°　　　C. 90°　　　D. 110°

第二节　包镶、爪镶戒指实训的操作实例——执模

一、戒指整形

戒指整形所需工具为卜锉、戒指铁。戒指整形的步骤为:先将戒指内圈的焊点用卜锉锉顺,再将戒指套入戒指铁内,并用手将戒指摆放端正,用铁锤的木柄敲击戒指臂检查戒指内圈是否与戒指铁紧贴;若戒指内圈与戒指铁不紧贴,则用铁锤的木柄敲打戒指内圈与戒指铁透光的位置,使两者贴合即可(图11-24、图11-25)。注意:敲打时不能敲击戒指爪镶和包镶镶口位置。

图11-24　用卜锉修整戒指内圈　　　图11-25　用锤柄部分将戒指圈大圆

二、锉戒指

锉戒指所需工具为卜锉、三角锉、牙针。锉戒指的步骤为:将戒指各部位进行表面处理,使形顺;戒指的内圈用卜锉的弧面修整,使内圈顺畅(图11-26);用三角锉和牙针对戒指的镶口正面和镶口内、外两侧的边角位,进行修顺处理(图11-27~图11-33);戒指侧面的弧面和旁边的平面可用卜锉把粗糙位锉干净顺畅(图11-34、图11-35);戒指臂上小包镶左、右两边的

图 11-26 用卜锉的弧面修整，使内圈顺畅

图 11-27 锉修正面镶口边

图 11-28 用细牙针修整镶口侧面(一)

图 11-29 用细牙针修整镶口侧面(二)

图 11-30 用细牙针修整镶口侧面(三)

图 11-31 用细牙针修整镶口侧面(四)

图 11-32 用细锉修整镶口侧面(一)

图 11-33 用细锉修整镶口侧面(二)

图 11-34 用细锉修整戒指外围(一)

平面先用三角锉修整,再用卜锉将戒指臂修顺(图11-36、图11-37);若戒指有较大的砂窿或者缝隙,则需要进行烧焊修补。

图11-35　用细锉修整戒指外围(二)　　　图11-36　用细锉修整戒指外围(三)　　　图11-37　用细锉修整戒指外围(四)

三、省砂纸

砂纸打磨也称省砂纸,所需工具一般为用320#或400#的砂纸做的砂纸棍、砂纸推木、砂纸尖、砂纸飞碟。省砂纸的步骤为:戒指的内圈用砂纸棍打磨顺滑透彻(图11-38、图11-39);镶口两侧和侧面的尖角位用砂纸飞碟打磨透彻、打磨清晰(图11-40～图11-44);再用砂纸尖将镶口的内、外两侧,及爪、包镶外侧、包镶旁边的内侧面和戒指侧面的弧面执顺,注意镶口的形状和厚度(图11-45～图11-48);再用砂纸推木将两边的戒指臂侧面推顺、推平(图11-49);最后用砂纸棍先将包镶镶口边和镶口两边的戒指臂的面执顺,然后顺势将整个戒指

图11-38　用砂纸棍打磨戒指圈(一)　　　图11-39　用砂纸棍打磨戒指圈(二)　　　图11-40　用砂纸飞碟对戒指表面进行打磨(一)

图 11-41 用砂纸飞碟对戒指表面进行打磨（二）

图 11-42 用砂纸飞碟对戒指表面进行打磨（三）

图 11-43 用砂纸飞碟对戒指表面进行打磨（四）

图 11-44 用砂纸飞碟对戒指表面进行打磨（五）

图 11-45 用砂纸尖打磨戒指侧面的弧位（一）

图 11-46 用砂纸尖打磨戒指侧面的弧位（二）

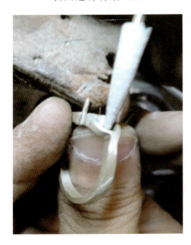

图 11-47 用砂纸尖打磨戒指两侧包镶

图 11-48 用砂纸尖打磨镶口内侧

图 11-49 用砂纸板打磨戒指两侧

臂执顺(图 11-50、图 11-51);特别注意整个戒指臂的面必须顺畅,不能留下波浪面,爪要圆,尖角位要清晰。

图 11-50 用砂纸棍打磨戒指表面(一)　　图 11-51 用砂纸棍打磨戒指表面(二)

四、爪镶吊坠执模的要点

(1)锉爪镶镶口时需注意爪、镶口边的大小、形状。
(2)尖角位要清晰,使戒指高低有致、有层次感。
(3)锉工件、省砂纸前需先将爪调整、调直。
(4)省砂纸要省至光滑、透彻、顺畅、无波浪面。

课后练习题

一、填空题

1. 先将戒指内圈的焊点用卜锉_____,再将戒指套入戒指铁内,并用手将戒指摆放端正,用铁锤的木柄敲击戒指臂检查戒指内圈是否与戒指铁_____。
2. 用三角锉和牙针将戒指的镶口正面和镶口内、外两侧的边角位,进行_____。
3. 注意敲打时不能敲击戒指_____和_____镶口位置。
4. 镶口两侧和侧面的尖角位用砂纸飞碟_____、_____。
5. 锉爪镶镶口时需注意爪、镶口边的_____、_____。
6. 注意整个戒指臂的面必须顺畅,不能留下波浪面,爪要_____,尖角位要_____。

7. 戒指臂上小包镶左、右两边的＿＿＿＿＿＿先用三角锉修整,再用＿＿＿＿＿＿将戒指臂修顺。

8. 锉工件、省砂纸前需先将爪调整、＿＿＿＿＿＿。

9. 用＿＿＿＿＿＿将镶口的内、外两侧,爪、包镶外侧及包镶旁边的内侧面和戒指侧面的弧面执顺,注意镶口的＿＿＿＿＿＿和＿＿＿＿＿＿。

10. ＿＿＿＿＿＿要清晰,使戒指高低有致、有层次感。

11. 戒指表面若有较大的砂窿或者缝隙,则需要进行＿＿＿＿＿＿。

二、实训题

按老师要求完成任务及各项标准要求。

第三节 中级资格考试操作实例——包边镶、蛋形爪镶的混合镶嵌

一、包边镶、蛋形爪镶的工具材料准备

(1)工具准备:吊机、小铁锤、焊具、火漆棍、尖嘴钳、剪钳、波针、吸珠针、迫针、牙针、飞碟针、AA夹、中竹叶锉等。

(2)材料准备:包边镶、蛋形爪镶的混合镶嵌戒指一件,配石三粒。

二、任务要求

实训过程必须完成以下步骤:量石度位、车位、落石、打边、锉边、铲边、钳爪、剪爪、锉爪、吸圆爪。同时,熟练掌握包边镶、蛋形爪镶的操作步骤中工具的使用,以及实训中的重点、难点和注意事项。

三、包边镶的操作步骤

(一)量石度位

量石度位是指将宝石放到镶石位度位,宝石的直径刚好遮住镶口边,大约盖住每个边内侧的三分之一,注意留意宝石的厚度(图11-52、图11-53)。

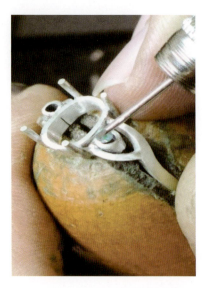 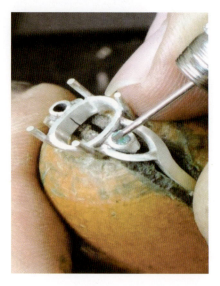

图 11-52 用平铲点印泥将宝石放镶口上测量　　图 11-53 大约盖住每个边内侧三分之一

(二) 车位

车位的步骤为:先用牙针将镶口底部车成上宽下窄,让镶口刚好与宝石的腰部直径一致;再用飞碟针在镶口周围的边车出卡位,卡位的高度约 1mm,深度约是边的三分之一(约 0.2mm);如果宝石还比镶口位大,则再稍微车深一点,使宝石与镶石位紧贴;卡位车好后用毛刷将镶口内的金属碎屑清扫干净(图 11-54、图 11-55)。

图 11-54 用牙针将镶口底部车成上宽下窄　　图 11-55 再用飞碟针在镶口周围的边车出卡位

(三) 落石

落石的步骤为:用吸珠粘印泥点石面,先斜放入镶石位的一边再垂直按下推正,令石面与镶石边平行;用印泥分别将宝石两边略粘紧(图 11-56、图 11-57)。

图 11-56　用吸珠粘印泥点石面并垂直按下推正　　图 11-57　用印泥分别将宝石两边略粘紧

（四）打边

打边的步骤为：用左手拇指、食指、中指将迫针拿好，迫针向外斜约 10°，一个面向宝石爪内侧斜约 20°，再将中指定在金属边上，让迫针稍微悬浮在金属边上；然后用小号铁锤垂直迫针均匀地锤打金属边（图 11-58、图 11-59）。

图 11-58　用迫针摆在镶口　　图 11-59　用小号铁锤捶打迫针，将宝石压紧

（五）锉边

打边后要用中竹叶锉稍微将金属边锉顺，要用左手拇指或食指定位，注意不能让锉齿锉到石面，再用砂纸尖将金属面打磨光滑（图 11-60、图 11-61）。

 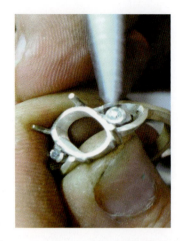

图 11-60　用小锉将金属边锉顺　　　　图 11-61　用砂纸尖将金属面打磨光滑

(六)铲边

铲边的步骤为:用磨好的锋利的平铲将金属边内侧挤出多余的金属铲去,要注意顺着金属边的形状铲,厚薄要均匀(图 11-62、图 11-63)。

图 11-62　用平铲将金属边内侧铲顺(一)　　图 11-63　用平铲将金属边内侧铲顺(二)

四、蛋形爪镶的操作步骤

(一)量石度位

量石度位的步骤为:用尖嘴钳将爪钳正,让爪垂直立在镶口四周,将宝石放到镶石位度位,宝石的直径刚好遮住镶口边,大约盖住每个爪内侧的三分之一,注意宝石的厚度(图 11-64、图 11-65)。

图 11-64 将宝石放在镶口上从正面看是否合适(一)　　图 11-65 将宝石放在镶口上从正面看是否合适(二)

(二)车位

车位的步骤为:先用波针将镶口底部车成上宽下窄的锥形(图 11-66、图 11-67),让镶口刚好与宝石的底部紧贴;再用飞碟针在镶口周围的爪车出卡位,卡位的高度约 1mm;如果宝石比镶口位大,则用伞针或桃针车镶口底,使宝石与镶石位紧贴(图 11-68、图 11-69)。然后要根据宝石的类型进行相应操作,如弧面形宝石就用伞针开卡位等。车位时应与度位所确定的深度与高度一致,每个爪上的高度相同,车卡位时不要损伤爪的外侧,卡位不能车的太深,约是爪直径的三分之一,爪脚与筒位交接点不能车空。卡位车好后用毛刷将镶口内的金属碎屑清扫干净。

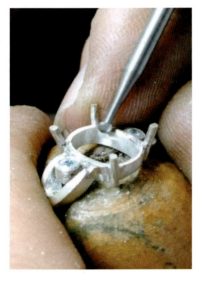

图 11-66 用波针车镶口内侧边线　　图 11-67 镶口内侧边线上宽下窄

图 11-68 用飞碟车卡位

图 11-69 用伞针车卡位

(三)落石、钳爪

落石、钳爪的步骤为:用 AA 夹粘印泥点石面,先斜放入镶石位再推正,令石面与镶石边平行(图 11-70、图 11-71);用尖嘴钳分别将对称的爪对角略钳紧,使爪贴石,再将相邻的两只爪钳正、钳紧,钳爪时用力要均匀,不能用力过大,以免钳坏宝石(图 11-72~图 11-75)。注意:钳爪时不能使石位偏斜,也不能造成爪外侧钳痕太深,否则会影响后面的执边工序。

图 11-70 将宝石放入车好卡位的镶口里

图 11-71 观察宝石与镶口侧面是否平行

图 11-72 用尖嘴钳将较近的两爪略钳紧

图 11-73 钳紧较远的两爪(一)

图 11-74 钳紧较远的两爪(二)

图 11-75 观察四爪的对称情况

(四)剪爪

剪爪的步骤为:用剪钳将高于石面0.2mm以上的爪剪去,爪过长时需多锉,造成损耗过大、过短时易吸坏宝石;剪爪时,剪钳嘴斜向宝石,爪内侧低外侧高;用手压爪头,避免剪爪时爪头弹走(图11-76、图11-77)。

图 11-76 剪钳稍高于石面

图 11-77 爪的外侧稍高一点

(五) 锉爪

锉爪的步骤为：剪爪后，要用竹叶锉将爪锉到符合吸爪的高度，爪高一致；之后，再将爪内侧修整至紧贴宝石，再将爪内、外侧修圆，以便于吸珠吸爪。锉爪时，要用左手拇指或食指定位，一定注意不能让锉齿锉到石面（图 11-78、图 11-79）。

图 11-78 用锉刀锉爪头至高度一致

图 11-79 将爪头稍微锉圆

(六) 吸圆爪

吸圆爪的步骤为：用适合的吸珠吸爪，一般用 1.2~1.6mm 吸珠；与爪大概成 10°角由内至外与两侧均匀摇摆，直到将爪头吸圆，吸贴石；爪内侧吸至与外侧同一高度（图 11-80~图 11-82）。

图 11-80 观察爪的大小是否一致

图 11-81 用吸珠将爪头吸光滑(一)

图 11-82 用吸珠将爪头吸光滑(二)

五、蛋形爪镶、包边镶的注意事项

(一)蛋形爪镶的注意事项

(1)镶爪要紧贴宝石。
(2)宝石必须平整,不能有斜石、高低石、松石、烂石、甩石等现象。
(3)爪长短一致并对称,不能歪斜,不能钳花爪外侧。
(4)爪的卡位要深浅、高低一致,钻石卡位一般车爪的三分之一;如果是有色宝石,就可以车爪的三分之一以上或多一点,无论镶什么石,车卡位时都要按石的大小厚薄而定。

(二)包边镶的注意事项

(1)打边要紧贴宝石,金属边要均匀平整。
(2)宝石必须平整,不能有斜石、高低石、松石、烂石、甩石等现象。
(3)正常卡位要深浅、高低一致,钻石卡位一般车边的三分之一;如果是有色宝石,就可以车边的三分之一以上或多一点,无论镶什么石,车卡位时都要按石的大小厚薄而定。

课后练习题

一、填空题

1. 将宝石放到镶石位度位,宝石的直径刚好遮住镶口边,大约盖住每个边内侧_____ _____,注意宝石的厚度。
2. 先用_____将镶口底部车成上宽下窄,让镶口刚好与宝石的腰部直径一致。
3. 用_____针在镶口周围的边车出卡位,卡位的高度约_____mm,深度约是边的_____（约 0.2mm）。

4. 用 AA 夹粘_____点石面，先斜放入镶石位的一边再垂直按下推正，令石面与镶石边_____。用印泥分别将宝石两边略粘紧。

5. 打边时迫针向外斜约_____°，一个面向宝石爪内侧斜约_____°。

6. 打边后要用_____稍微将金属边锉顺，要用左手拇指或食指定位，注意不能让锉齿锉到_____，再用砂纸尖将金属面打磨光滑。

7. 铲边：用磨好的锋利的_____将金属边内侧挤出多余的金属铲去，要注意顺着金属边的形状铲，厚薄要_____。

8. 爪镶量石度位时用_____钳将爪钳正，让爪垂直立在镶口四周，将石放到镶石位度位，宝石的_____刚好遮住镶口边，大约盖住每个爪_____三分之一。

9. 用飞碟针在镶口周围的爪车出卡位，卡位的_____约 1mm。

10. 车位时应与度位所确定的深度与高度_____，每个爪上的高度相同，车卡位时不要损伤爪的_____，卡位不能车得太深，约是爪直径的_____，爪脚与筒位交接点不能车空。

11. 用_____将高于石面 0.2mm 以上的爪剪去。爪过长时需多锉，造成_____过大、过短时易吸坏石。

12. 剪爪时，剪钳嘴斜向宝石，爪内侧_____外侧_____。用手压_____，避免剪爪时爪头弹走。

13. 锉爪时将爪内侧修整至_____宝石，再将爪内外侧修圆，以便于吸珠吸爪。

二、实训题

按老师给出的题目要求完成相关的操作。

三、简答题

1. 简要写出爪镶实训过程必须完成的各个步骤。
2. 列举爪镶的操作中使用的工具和注意事项。

第十二章 高级制版、执模、镶石实训的操作实例

第一节 爪镶、包镶、迫镶、混镶吊坠实训的操作实例——制版

一、学会分析设计图纸

(一)审正面图

详细观察图纸正面图(图12-1),从图样上看到吊坠的整体外形,镶嵌方法可以分成三大部分(图12-2~图12-4):①迫镶,旁石为三粒小圆钻,迫镶工艺尺寸为2.0mm;②爪镶,一粒主石,蛋形,爪镶工艺尺寸为8mm×10mm;③包镶,包镶圆钻一粒,工艺尺寸为2.0mm。分析得出主石是由活动扣组成,光金片是由一块材料组成(图12-5)。

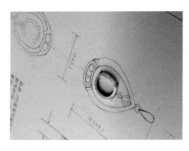

图12-1 观察正面图的配件组成

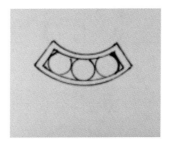

图12-2 迫镶镶口

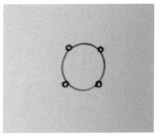

图12-3 爪镶镶口

图12-4 包镶镶口

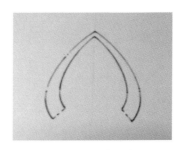

图12-5 光金片

(二) 审侧面图

详细观察图纸侧面图(图12-6),从图纸上可以看出高低层次感分明。主石爪镶位高度为5.5mm,依次到迫镶,高度比爪镶位低约1mm,再到光金片表面有外斜(图12-7),外斜角度由整个首饰形态所定。瓜子扣的大小和形态可以参照图纸测量大小尺寸而定(图12-8)。

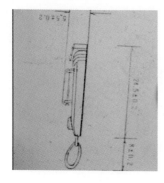
图12-6 侧面图

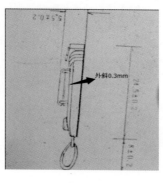
图12-7 侧面配件外斜高度

图12-8 瓜子扣

(三) 审底面图

详细观察图纸底面图(图12-9),从图纸上看出耳环底部迫镶位有底担,底担起到支撑石位的作用。落空部位厚度控制在1mm以内,尽量使耳环的质量减轻,有利于减少材料成本,让佩戴更加舒适(图12-10)。

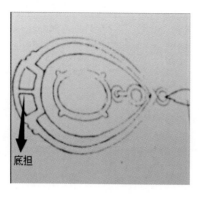
图12-9 迫镶镶口底部底担

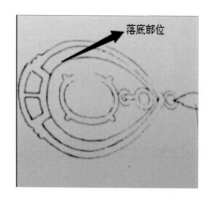
图12-10 配件底部掏空处理

二、工具设备、材料的准备

(一) 准备好常用工具设备

在首饰加工制作中,通常需要准备加工设备、工具、夹具、量具和刃具等。常用工具设备有电动压片机、拉线板、打磨工具吊机、砂纸棍、砂纸尖、推木、工夫台。锉刀工具有红柄三角锉、中三角锉、红柄大卜锉、中卜锉等。量具和钳具包括游标卡尺、内卡尺、尖嘴钳、圆嘴钳、剪钳各一把。一套焊具包括焊枪、焊夹、焊瓦、硼砂碟、白矾煲(图12-11)。锯弓一般需要安装好锯条:拿住锯弓,锯齿向外,齿尖指向手柄方向,先将锯条插进锯弓一端的夹口中拧紧螺丝,然后将锯弓的一端顶住功夫台边上,再用自己的锁骨顶住锯弓手柄轻轻挤压,让锯弓有弹性,将锯条夹在锯弓的另一端,夹口中的螺丝用手拧紧固定,松开肩膀锯条自然绷紧即可(图12-12)。

图12-11 准备工具　　　图12-12 锯弓上锯条

(二)开材料

开材料的步骤为:先准备好要用的银块,把银块放在焊瓦上面进行煅烧(图12-13);待材料冷却之后在压片机上边压出所要材料的宽度和厚度,将材料分类,利用剪钳剪出镶口,符合其他配件材料的长度;镶口的爪要用圆线制作,先把银条放在压片机压成粗条状,并将其中的一段修锉成尖锥形,方便金属线穿过拉线孔,拉线孔的直径由小到大依次排列,拉丝时可将金属线从大孔到小孔逐次地拉过(图12-14);在拉线板的空位或者金属线上涂上适量的润滑油有助于拉线,可起到润滑、省力的作用;要预备一份银线,用于主石四个爪,另外要预备一份做活动扣的圆圈材料;做圆圈银线,过火烧红后用圆嘴钳弯好三个圆圈,尺寸比例按照图纸所示(图12-15)。

图12-13 准备小圆圈　　　图12-14 拉线　　　图12-15 材料退火

三、掌握按图制版过程

手造银版的制作由银料直接加工而成,其制版过程为:将一个工件分成若干部分,分别进行加工,然后用焊枪将制作好的部分逐一焊接起来,当每次焊接好工件之后都要经过煮白矾,再用清水冲洗干净,组成一个完整的银版。

(一)制作蛋形主石镶口

制作蛋形主石镶口的流程为:先把备好的银片放在焊瓦上面烧红,退火之后用一把尖嘴钳跟一把圆嘴钳夹住镶口两头,弯出30°的弧形(图12-16);放在焊瓦上继续烧红退火,同时用两把钳子弯出蛋形镶口的形状(图12-17);尺寸用卡尺量好后在开口位置点上硼砂、焊药,烧红镶口进行焊接(图12-18);利用油性笔在镶口的四边角位画出四个爪位(图12-19);用牙针或钻石针装好吊机车出四个爪的槽位,车槽位控制在镶口边的三分之一深度,要求爪位要垂直(图12-20);剪出焊料将镶口放在焊瓦上,用焊夹夹住爪点硼砂,再点上焊料(图12-21);照焊接顺序将爪逐一焊接在镶口上(图12-22);参照图纸将焊好爪的镶口一头焊接上圆圈,焊接方法同上(图12-23)。

图12-16 镶口材料弯出弧度

图12-17 弯出镶口形状

图12-18 焊接连接口

图12-19 用笔定出爪的位置

图12-20 对照图纸爪位开槽

图12-21 将爪逐一焊接在镶口上(一)

图 12-22　将爪逐一焊接在镶口上(二)

图 12-23　将爪逐一焊接在镶口上(三)

(二)制作圆钻包镶

制作圆钻包镶的流程为:把预备好的材料放在焊瓦上烧红退火,冷却之后用一把圆嘴钳钳住材料一头,另一头用尖嘴夹住(图 12-24),参照图纸顺方向弯出镶口;再用锯弓锯出镶口,焊接好圆筒接口(图 12-25);用中三角锉修锉好焊接位置,镶口石面锉 0.3mm 的外斜边(图 12-26)。

图 12-24　用圆嘴钳制作包镶镶口

图 12-25　焊接镶口连接位

图 12-26　用锉刀修整连接口

(三)制作吊坠外形

制作吊坠外形的流程为:将预备好的吊坠材料放在焊瓦上烧红退火,冷却之后用游标卡尺划分材料的中心位置,在中心位置划出一条线(图 12-27);再用红柄三角锉修出 45°角的角位,要求锉到材料的三分之二厚度(图 12-28);再烧红材料,用尖嘴钳跟圆嘴钳夹住两头,参照图纸分别弯出弧形(图 12-29);参照设计图形状做好之后用红柄三角锉修出外形(图 12-30);外围边参照图纸的要求外斜 0.5mm(图 12-31)。

图 12-27　材料退火　　　图 12-28　在材料的中间锉出一缺口　　　图 12-29　弯出两边弧度

图 12-30　将中间缺口弯折焊牢，用锉刀修整　　　图 12-31　按要求锉出外斜面

（四）制作迫镶位

制作迫镶位的流程为：把预备好的迫镶片放在焊瓦上边烧红退火，待材料冷却之后用游标卡尺测量出石头位置的尺寸画上记号（图 12-32）；用 1mm 牙针开好爪的槽位，参照图纸用尖嘴钳弯好外侧边（图 12-33）；弯好之后用尖嘴钳弯好另一边，用锯弓锯断多余部分，量好尺寸（图 12-34）；分件弯好弧形材料，将两头进行焊接（图 12-35）；将焊接好的迫镶片放在白矾煲内，加上少量白矾，与清水一起煮沸（图 12-36）；待清水冲洗干净，再用红柄三角锉修好迫镶外形（图 12-37）。

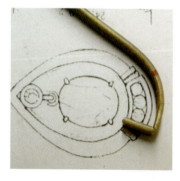  

图 12-32　按图纸要求弯折　　　图 12-33　用牙针车出弯折槽位　　　图 12-34　将多余部分锯掉

图 12-35 焊接所有的弯折位

图 12-36 将焊接好的镶口放入白矾煲中烧开

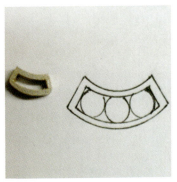

图 12-37 与图纸形状对比

(五)制作瓜子扣

制作瓜子扣的流程为:将预备好的瓜子扣材料用红柄三角锉锉出菱形(图 12-38);把材料放在焊瓦上烧红,用尖嘴钳跟圆嘴钳弯出弧形(图 12-39);再用尖嘴钳跟圆嘴钳把瓜子扣的形状调整好(图 12-40);参照设计图,用红柄卜锉修锉出外凸弧面的外形(图 12-41);跟图纸进行尺寸比例的对比(图 12-42)。

图 12-38 将瓜子扣材料锉成菱形

图 12-39 用两把钳子弯成图纸的形状

图 12-40 把瓜子扣尖位合拢

图 12-41 用锉刀将瓜子扣侧面尖位锉出弧面

图 12-42 与图纸对比修整形状

(六)组合分件焊接吊坠

组合分件焊接吊坠的流程为:将做好的各个配件(蛋形镶口、光金片、包镶镶口、迫镶镶口、瓜子扣、圆圈)摆放在图纸上面,吊坠光金片和迫镶镶口摆放在焊瓦上进行焊接(图12-43);再将包镶的镶口焊接在吊坠上,参照图纸焊接两个圆圈(图12-44);然后将做好的瓜子扣扣上吊坠,用焊料把瓜子扣焊接好(图12-45);用锯条把镶口上的圆圈锯开一边,把蛋形镶口扣在吊坠上,再把圆圈的缺口焊接好(图12-46);煮白矾水,再清洗干净,接着用中卜锉修好焊接口(图12-47)。

图12-43 将镶口与配件焊接

图12-44 在配件顶部焊上圆圈

图12-45 将瓜子扣扣在圆圈上

图12-46 把爪镶镶口与圆圈焊接

图12-47 将所有的焊接位用锉刀修整

(七)执顺、抛亮

抛顺、抛亮的流程为:把备好的砂纸棍安装在吊机头上,左手拿吊坠,右手握紧吊机,右脚尖轻轻踩着脚踏板把吊坠四周抛光滑(图12-48);瓜子扣位置要切换并用砂纸尖抛光滑(图12-49);接着在吊坠底部利用备好的推木推光滑(图12-50);整个吊坠执光滑之后,用银线穿过瓜子扣,检查佩戴是否贴身、舒适。

 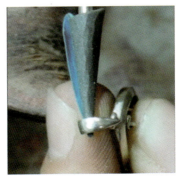 

图 12-48　用砂纸棍打磨表面　图 12-49　用砂纸尖打磨瓜子扣位置　图 12-50　用砂纸板打磨底部

课后练习题

一、填空题

1. 分析图纸上的镶嵌工艺,从正面图分析出吊坠采用＿＿＿＿＿＿、＿＿＿＿＿＿、＿＿＿＿＿＿这三种镶嵌方法。
2. 在制作镶口的时候,先要把材料进行退火,再用尖嘴钳、圆嘴钳把材料弯出弧形。大概控制在＿＿＿＿＿＿＿＿＿＿弧度。
3. 焊接爪过程是要先加＿＿＿＿＿＿＿＿＿＿,再加焊料,把焊缝焊接平整、光滑。
4. 焊接完工件之后需要先＿＿＿＿＿＿＿＿＿＿,再泡清水,把表面的白矾清洗干净。
5. 控制好焊接温度,＿＿＿＿＿＿＿＿＿＿的火焰温度是最高的。
6. 安装锯条的时候注意锯齿方向＿＿＿＿＿＿＿＿＿＿拧紧螺丝,让锯条有弹性。
7. 制作包镶镶口的时候都需要锉外斜边,外斜控制在＿＿＿＿＿＿＿＿＿＿。
8. 制作迫镶镶口时,镶口位尺寸要比石头＿＿＿＿＿＿＿＿＿＿。
9. 制作完工件之后发现有砂眼,先要用车针把砂眼车干净,再＿＿＿＿＿＿＿＿＿＿。

二、单项选择题

1. 下列哪种钳主要用来弯曲金属线,使之成为圆形?(　　)
A. 扁嘴钳　　　　B. 圆嘴钳　　　　C. 平嘴钳
2. 制作完首饰需要把表面抛光滑,一般(　　)最常用。
A. 220# 砂纸　　　B. 1200# 砂纸　　C. 400# 砂纸
3. 工件需要做弧面时,要采用(　　)。
A. 直锉法　　　　B. 顺锉法　　　　C. 推锉法　　　　D. 交叉锉法

三.判断题

1. 金属材料制作过程可以反复煅烧,退火之后才进行制作。(　　)

2. 焊接过程要求把焊料烧透，不要出现多焊、虚焊、积焊的现象。（　　）
3. 组合配件焊接时，先用大火把小配件焊接好，再小火焊接大的配件。（　　）
4. 在制作线圈活动扣时，必须用圆嘴钳来制作线圈。（　　）
5. 焊接时使用白电油，一般情况要加到油壶一半或以上。（　　）
6. 文明生产需要注意用火安全，还有用电安全。（　　）

第二节　高级工资格考试操作实例——爪镶、包镶、迫镶混镶吊坠实训镶嵌

一、爪镶镶嵌方法的操作实例

爪镶是一种常用并且比较简单的工艺，其优点是爪少遮挡宝石，即最大限度地突出宝石，尽显本身的美丽和光彩。按宝石的大小和多少可分为独镶与群镶，独镶即指只镶单个宝石，群镶是指在主石周围配以小钻衬托出主石来。在操作中我们一般先镶好副石才镶主石。

（一）爪镶的步骤组成

（1）检查副石直径与镶口是否吻合，爪是否完整，如镶口略小可用车针适当扩大一点，然后用与副石直径相同的碟针（如ϕ1.5 直径的宝石选用 15# 的针）在爪的内侧车出槽位，各个镶口槽位的高低要一致。

（2）用 AA 夹将宝石放入镶口并调整好压实，所有宝石的台面要摆平，然后用尖嘴钳将爪内壁压紧宝石，选用合适的工具将爪向内压贴在宝石上，注意操作过程要掌握好力道，以免一下用力过大，致使宝石受力后偏斜。当所有的爪都靠牢宝石后用针拨每一个宝石检查是否镶牢。

（3）确定爪的高度是否合适，如爪高出宝石的台面，用剪钳剪去高出部分的爪。使用剪钳剪爪时，需用食指压住要剪的爪头，以防剪下的爪头飞出，剪断爪头之后用锉刀将尖刺修去。

（4）用略大于爪头的吸球将爪逐个吸圆。

（5）副石镶好后就可以镶主石了。主石又分刻面与拱面，拱面宝石不用车槽，只要将爪整个地自根部贴实到宝石上，然后用锉刀修整爪头，让爪头紧紧地贴在宝石表面（用手摸无毛刺感），利用槽位卡住宝石的边，用尖嘴钳将爪扳向宝石，使爪牢固地卡住宝石，检查主石牢固以后，剪去高出的爪头，锉去毛刺，用吸珠将爪头吸圆即可，如果是三角形、方形爪则用锉刀修出其形状。

（6）爪镶的技术要求：宝石要镶牢、镶正，爪位要均匀，爪头要光滑、圆润，不刺手，三角爪、方形爪的爪头状要修均匀。

（二）爪镶的工具材料准备

(1)工具准备：吊机、戒指架、尖嘴钳、剪钳、波针、飞碟针、吸珠针、AA 夹、中竹叶锉。
(2)材料准备：配蛋形主石爪镶吊坠一件。

（三）实训过程

实训过程必须完成以下步骤。

(1)量石度位：用尖嘴钳将爪钳正，让爪垂直立在镶口四周，将宝石放到镶石位度位，宝石的直径刚好遮住镶口边，大约盖住每个爪内侧的三分之一，并注意宝石的厚度（图 12-51、图 12-52）。

(2)车位：先用波针将镶口底部车成上宽下窄的锥形，让镶口刚好与宝石的底部紧贴，再用飞碟针在镶口周围的爪车出卡位，卡位的高度约 1mm；如果宝石比镶口位大，则用伞针或桃针车镶口底，使宝石与镶石位紧贴；然后要根据宝石的类型进行相应操作，如弧面形宝石就用伞针开卡位等；车位时应与度位所确定的深度与高度一致，每个爪上的高度相同，车卡位时不要损伤爪的外侧，卡位不能车的太深，约是爪直径的三分之一，爪脚与筒位交接点不能车空；卡位车好后用毛刷将镶口内的金属碎屑清扫干净（图 12-53、图 12-54）。

(3)落石、钳爪：用 AA 夹粘印泥点石面，先斜放入镶石位再推正，令石面与镶石边平行（图 12-55）；用尖嘴钳分别将对称的爪对角略钳紧，使爪贴石，再将相邻的两只爪钳正、钳紧，钳爪时用力要均匀，不能用力过大，以免钳坏宝石；注意钳爪时不能使石位偏斜，也不能造成爪外侧钳痕太深，否则会影响后面的执边工序（图 12-56、图 12-57）。

(4)剪爪：用剪钳将高于石面 0.2mm 以上的爪剪去；爪过长时需多锉，造成损耗过大、过短时易吸坏宝石；剪爪时，剪钳嘴斜向宝石，爪内侧低、外侧高；用手压爪头，避免剪爪时爪头弹走（图 12-58）。

(5)锉爪：剪爪后，要用竹叶锉将爪锉到符合吸爪的高度，爪高一致；之后，再将爪内侧修整至紧贴宝石，再将爪内外侧修圆，以便于吸珠吸爪；锉爪时，要用左手拇指或食指定位，一定注意不能让锉齿锉到石面（图 12-59）。

(6)吸圆爪：用适合的吸珠吸爪，一般用 1.2～1.6mm 吸珠；与爪大概成 10°由内至外与两侧均匀摇摆，直到将爪头吸圆，紧贴宝石；爪内侧吸至与外侧同一高度（图 12-60～图 12-62）。

图 12-51 将宝石放在镶口上测量（一）

图 12-52 将宝石放在镶口上测量（二）

图 12-53 用波针在爪镶镶口上车斜面

图12-54 用飞碟在爪上车出卡位

图12-55 将宝石放在镶口上,卡位与宝石腰高度一致

图12-56 将较近的两对爪先钳靠近

图12-57 在钳较近的两对爪

图12-58 用剪钳将高于石面的爪剪成高度一致

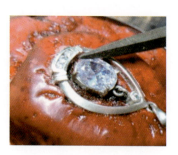
图12-59 用锉刀将爪头稍微锉圆

图12-60 用吸珠从外向内将爪吸贴石

图12-61 用吸珠绕爪头将爪头吸圆(一)

图12-62 吸珠绕爪头将爪头吸圆(二)

(四)注意事项

(1)镶爪要紧贴宝石。

(2)宝石面必须平整,不能有斜石、高低石、松石、烂石、甩石等现象。

(3)爪长短一致并对称,不能歪斜,不能钳花爪外侧。

(4)爪的卡位要深浅、高低一致,钻石卡位一般车爪的三分之一;如果是有色宝石,就可以车爪的三分之一以上或多一点,无论镶什么石,车卡位时都要按石的大小、厚薄而定。

(5)如是弧面形宝石、八角形宝石,要留意勿使宝石发生扭转和偏位。

(6)镶嵌前先将宝石分类,并观察宝石的形状、厚度后再镶爪,镶每一款每一件货时,一定要留意出现的问题和应注意的事项,并及时解决,避免出现质量问题。

(7)吸爪时不能吸伤宝石,产生石烂、石崩、石花等现象。

(8)吸爪时应由爪的外侧向内吸。

(9)吸爪后,爪要紧贴宝石,爪头要圆,不能吸花或吸扁,不能出现长短爪的现象。

二、迫镶镶嵌方法的操作实例

迫镶又称为轨道镶、夹镶或壁镶,它是在镶口侧边车出槽位,将宝石放进槽位中,并打压牢固的一种镶嵌方法。高档首饰的副石镶嵌常用此法。另外一些方形、梯形钻石用迫镶法来镶嵌效果极佳。

(一)迫镶的工具材料准备

(1)工具准备:吊机、小铁锤、焊具、火漆棍、迫针、牙针、飞碟针、AA 夹、中竹叶锉等。

(2)材料准备:迫镶吊坠一件、配主石三粒。

(二)任务要求

实训过程必须完成以下步骤:① 量石度位;② 车位;③ 落石;④ 打边;⑤ 锉边;⑥ 铲边。熟练掌握迫镶的操作步骤中工具的使用,以及实训中的重点、难点和注意事项。

(三)操作步骤

(1)量石度位:将宝石放到镶石位度位,宝石的直径刚好遮住镶口边,大约盖住每个边内侧的三分之一,注意宝石的厚度(图 12-63、图 12-64)。

图 12-63 用火漆固定,将宝石放镶口上测量工件

图 12-64 宝石稍大于镶口槽位

(2)车位:先用牙针将镶口底部车成上宽下窄(宝石尺寸刚好的或车好卡位的不用车),让镶口刚好与宝石的腰部直径一致,再用飞碟针在镶口周围的边车出卡位,卡位的高度约 1mm,深度约是边的三分之一;如果宝石还比镶口位大,则再稍微车深一点,使宝石与镶石位紧贴;卡位车好后用毛刷将镶口内的金属碎屑清扫干净(图 12-65)。

(3)落石:用 AA 夹粘印泥点石面,先斜放入镶石位的一边再垂直按下推正,令石面与镶石边平行;用印泥分别将宝石两边略粘紧(图 12-66)。

图 12-65　用牙针将镶口车出上宽下窄，镶口面边线与宝石直径一致

图 12-66　用飞碟在镶口内臂车出卡位，用毛扫清理碎屑，将宝石放入卡位内

(4) 打边：用左手拇指、食指、中指将迫针拿好。迫针向外斜约 10°，一个面向宝石爪内侧斜约 20°，再用中指定在金属边上，让迫针稍微悬浮在金属边上，然后用小铁锤垂直迫针均匀地锤打金属边（图 12-67～图 12-70）。

图 12-67　将宝石放入镶口内，排列均匀，用印泥稍微固定　　图 12-68　用迫针向外 10°左右斜打金属边

图12-69 再垂直敲打金属边

图12-70 检查宝石是否牢固,再将内壁铲顺

(5)锉边:用锉刀修整镶口边时,要用左手拇指或食指定位,一定注意不能让锉齿锉到石面。

(6)铲边:最后用平铲针将内沿铲光滑,注意铲边的过程中不伤及宝石。

(四)注意事项

(1)打边要紧贴宝石,金属边要均匀平整。

(2)石面必须平整,不能有斜石、高低石、松石、烂石、甩石等现象。

(3)正常卡位要深浅、高低一致,钻石卡位一般车边的三分之一;车卡位时都要按石的大小、厚薄而定。

三、包镶镶嵌方法的操作实例

包镶也称为包边镶,它是用金属边将宝石四周都圈住的一种工艺,多用于一些较大的宝石,特别是拱面的宝石,因为较大的拱面宝石用爪镶工艺不容易扣牢,而且长爪又影响整体美观。

(一)包镶的工具材料准备

(1)工具准备:吊机、小铁锤、焊具、火漆棍、追针、牙针、飞碟针、AA夹、中竹叶锉等。

(2)材料准备:包镶吊坠一件。

(二)任务要求

实训过程必须完成以下步骤:① 量石度位;② 车位;③ 落石;④ 打边;⑤锉边;⑥铲边。熟练掌握包镶的操作步骤中工具的使用,以及实训中的重点、难点和注意事项。

（三）操作步骤

（1）量石度位：将宝石放到镶石位度位，宝石的直径刚好遮住镶口边，大约盖住每个边内侧的三分之一，注意宝石的厚度（图12-71）。

（2）车位：先用波针将镶口底部车成上宽下窄（宝石尺寸刚好的或车好卡位的不用车），让镶口刚好与宝石的腰部直径一致（图12-72），再用飞碟针在镶口周围的边车出卡位，卡位的高度约1mm，深度约是边的三分之一（约0.2mm）；如果宝石还比镶口位大，则再稍微车深一点，使宝石与镶石位紧贴（图12-73）；卡位车好后用毛刷将镶口内的金属碎屑清扫干净（图12-74）。

（3）落石：用AA夹粘印泥点石面，先斜放入镶石位的一边再垂直按下推正，令石面与镶口边平行；用印泥分别将宝石两边略粘紧（图12-75）。

（4）打边：用左手拇指、食指、中指将迫针拿好，迫针向外斜约10°，一个面向宝石爪内侧斜约20°，再用中指定在金属边上，让迫针稍微悬浮在金属边上；然后用小铁锤垂直迫针，均匀地锤打金属边（图12-76～图12-78）。

（5）锉边：打边后要用中竹叶锉稍微将金属边锉顺，要用左手拇指或食指定位，注意不能让锉齿锉到石面（图12-79）。

图12-71 将宝石放镶口上约近三分之一边

图12-72 用波针将镶口壁车成上宽下窄

图12-73 用飞碟在镶口内壁车出卡位

图12-74 用毛刷清理碎屑

图12-75 将宝石放入卡位内，与镶口边平行

图12-76 用迫针斜打金属边（一）

图12-77 用迫针斜
打金属边(二)

图12-78 捶打的金属边
块面要平整

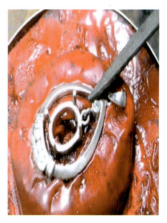
图12-79 将金属边内壁
的毛刺铲去

（四）注意事项

(1)打边要紧贴宝石,金属边要均匀平整。

(2)宝石必须平整,不能有斜石、高低石、松石、烂石、甩石等现象。

课后练习题

一、填空题

1. 迫镶又称为_____、_____或_____,它是在镶口侧边车出槽位,将宝石放进位槽位中,并打压牢固的一种镶嵌方法。

2. 迫镶的工具有吊机、_____、_____、火漆棍、_____针、_____针、_____针、AA夹、中竹叶锉等。

3. 迫镶镶嵌时将石放到镶石位度位,宝石的直径刚好遮住镶口边,大约盖住每个边_____三分之一。

4. 车位时先用_____针将镶口底部车成上宽下窄,让镶口刚好与宝石的腰部直径一致。

5. 打边时迫针向外斜约_____°,一个面向宝石爪内侧斜约_____。

6. 打边后要用_____稍微将金属边锉顺,要用左手拇指或食指定位,注意不能让锉齿锉到_____,再用砂纸尖将金属面打磨光滑。

7. 铲边:用磨好的锋利的_____将金属边内侧挤出的多余的金属铲去,要注意顺着金属边的形状铲,厚薄要_____。

二、实训题

按老师给出的题目要求完成相关的操作。

三、简答题

1. 简要写出本节镶嵌实训过程中各镶嵌方法必须完成的各个步骤。

2. 列举本节镶嵌实训中各镶嵌方法使用的工具和注意事项。

主要参考文献

干大川. 珠宝首饰设计与加工[M]. 北京:化学工业出版社,2008.

中国国家标准化管理委员会. GB 11887—2012《首饰 贵金属纯度的规定及命名方法》[S]. 北京:中国标准出版社,2012.

黄建江. 中国首饰发展简史[M]. 南京:河海大学出版社,2010.

黄云光. 首饰制作工艺[M]. 武汉:中国地质大学出版社,2005.

吉晖. 珠宝首饰佩戴艺术[M]. 北京:中国工商联合出版社,1999.

李娅莉,薛琴芳,李立平,等. 宝石学教程[M]. 武汉:中国地质大学出版社,2006.

王昶,黄云光. 首饰制作工艺学[M]. 武汉:中国地质大学出版社,2015.

王昶,袁军平. 贵金属首饰制作工艺[M]. 北京:化学工业出版社,2011.

杨超,李飞. 首饰加工与制作工艺[M]. 昆明:云南科技出版社,2013.

杨如增. 首饰贵金属材料及工艺学[M]. 上海:同济大学出版社,2005.

张荣红,刘惠华. 西方古代首饰文化中设计主题的来源思考[J]. 宝石和宝石学杂志,2001(3):46-47.